南京水利科学研究院出版基金资助

沙质海岸泥沙运动与模拟

张　磊　著

海洋出版社

2018年·北京

图书在版编目（CIP）数据

沙质海岸泥沙运动与模拟/张磊著．—北京：海洋出版社，2017.12

ISBN 978-7-5027-9972-4

Ⅰ．①沙…　Ⅱ．①张…　Ⅲ．①沙质海岸-泥沙运动-数值模拟-研究　Ⅳ．①TV142

中国版本图书馆 CIP 数据核字（2017）第 275073 号

责任编辑：常青青
责任印制：赵麟苏
海洋出版社　**出版发行**

http：//www.oceanpress.com.cn
北京市海淀区大慧寺路 8 号　邮编：100081
北京朝阳印刷厂有限责任公司印刷
2018 年 8 月第 1 版　2018 年 8 月北京第 1 次印刷
开本：787 mm×1092 mm　1/32　印张：4.5
字数：102 千字　定价：28.00 元
发行部：62132549　邮购部：68038093
总编室：62114335　编辑室：62100038
海洋版图书印、装错误可随时退换

目　录

第1章　概论

1.1　引言

世界上大部分人类都居住在河口和海岸地区，这些地区也是经济相对发达的地区。如美国东、西海岸，中国东部沿海地区，日本东部沿海地区等。海洋和陆地形成的海岸线是海岸地区宝贵的近岸资源，人类早期开发海岸是从建设海岸港口、发展海洋贸易，建设渔港发展当地经济开始的，但是没有证据显示这些海洋建筑物的建设是基于对海岸过程的科学理解基础上进行的。直到海岸建筑物不断出现问题，海岸也发生了巨大改变，人类才开始真正开始关注和研究海洋。

第二次世界大战后，海岸波浪和潮流运动的基本理论和理念才开始慢慢发展，这一时期在海岸工程建设中不断考虑潮流及波浪的水动力参数，如波高、周期及水流大小。到1960年，随着物理模型和数学模型的应用，理论不断发展，国际上对海岸过程的理解应用不断深入。这一时期，我国也经历了大建港口、码头的高峰期，根据海岸工程的应用及其影响，对海岸工程技术的不断评估，海岸泥沙输移和海岸演变各方面都快速发展。

近年来，随着经济发展，人民生活水平进一步提高，海滨娱乐和旅游成为热门的海洋活动。目前，我国的海洋经济发展还很落后，离海洋强国战略的要求还很远。西方发达国家的海滨发展已经相当成熟，美国 50% 的人口都居住在离海岸 80 km 的范围内。图 1.1 为美国东海岸新泽西州大西洋城海滨休闲的人群及附近建筑物。人类与海洋如此的接近，对海洋、海岸的影响也更深远。

图 1.1　大西洋城海滨休闲

人类海洋活动的增加使海洋问题集中呈现，海岸作为承载人类活动的主要区域，其变化对人类影响巨大。自然因素如风、浪、流及人类活动等因素影响的后果就是海岸泥沙侵蚀和淤积，表现在海岸线变化、岸滩侵蚀与淤积、海岸剖面变化等问题，这都与海岸泥沙运动密切相关。要认识这些问题并作出应对措施，我们必须具有海岸动力和泥沙运动及其相互影响方面的知识。

1.2　沙滩起源

当前世界上的海岸线形成于10 000 年前的冰川时，代冰川时代巨大的冰层覆盖了世界上大部分陆地，随着冰川融化，海平面上升，这一时期大量泥沙被河流挟带入海，到6 000 年前，海平面上升速度迅速减慢，最终形成了我们现在见到的海岸线。现在大部分沙滩是由这些泥沙的残留物组成，主要是泥沙及砾石。这些沙滩材料资源继续被软性海蚀崖的海岸侵蚀，已经减少但还持续的河流来沙供应着沙滩材料维持。

1.3　沙滩时空变化

沙滩在时间和空间分布上是运动的，不断改变沙滩剖面和形态，随相应的波浪和潮流自然动力的作用而变化、随泥沙供应与输移的自然力量作用下变化、随海岸地理特征和海岸防护工程、港口及码头的影响而变化。时间变化范围从波浪运动的微小变化及风暴期间的中等变化累积到最后的巨大变化。相似的空间变化范围从点的微小变化及沙滩剖面的中等变化，最后到大范围海岸区域的形态变化。

1.4　海岸概念

海岸（coast）或海滨（shore）是指海、陆之间相互作用或者解除的地带（邹志利，2011）。图 1.2 为海岸带范围及海滩剖面划分。

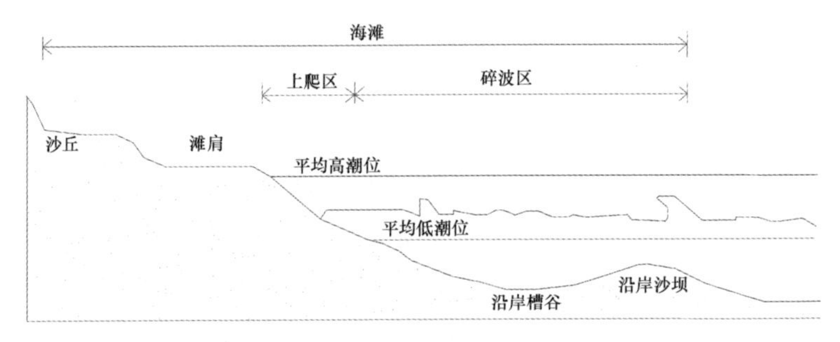

图 1.2　海岸带范围及海滩剖面划分

主要海岸术语如下：

（1）海岸带（coastal zone）：海洋与陆地相互作用的地带，波浪所能作用到的海底向岸延伸至大风浪所能作用到的最高限界。

（2）海岸线（coastline）：大潮平均高潮位时海洋与陆地相交的痕迹线（即一般波浪作用的上限线）。

（3）海滩（beach）：或称滨海沙滩，主要指由波浪形成的砂（砾）质沉积物所覆盖的滨岸地带，其范围包括从平均低潮线一直向陆延伸到组成物质或地形有显著变化的地带，即最大高潮线处。

（4）滩肩（beach berm）：海滩上平均大潮位以上相对平坦的部分，特别宽的沙滩经常在滩肩上设置沙滩排球等运动设施，如图 1.3 所示。

（5）上爬区：也称冲流带（swash zone），是波浪传播到近岸破碎后形成的水体运动的海滩区域，滩面交替受到破波水体冲溅的上冲流（uprush）和回卷流（backrush）作用的地带，受潮位影响，可以涵盖整个碎波区。

（6）碎波区（surf zone）：波浪传播到近岸发生破碎的区间地带，波浪向岸推进过程中，可以出现多个碎波区，有时也称破波带。

图 1.3　海岸滩肩沙滩排球

（7）沿岸沙坝（longshore bar）：大致平行于岸线延续的沙脊，它可能于低潮时出露，有时可能有一系列这类相互平行但处于不同水深的沙脊。

（8）沿岸槽谷（longshore trough）：平行于岸线延伸的并伴随沿岸沙坝而出现的长条形洼地。在不同的水深可能有一系列这样的洼地。

1.5　沙滩上动力因素

沙滩上动力因素主要是风、波浪、潮流、潮汐和风暴潮。这些因素深刻影响着海岸地形地貌变化。

1.5.1 风动力

风是波浪、风暴潮、表面流产生的动力源，可以使得波浪带动泥沙运动，进而改变近岸和海底地形，风也可以通过风沙运动和沉积直接改变海岸沙滩和沙丘地形地貌。

1.5.2 波浪动力

海洋波浪主要是海洋中风的运动产生的，故有无风不起浪之说。波浪大小和风的几个参数如风速、风时、风距等密切相关，对于近岸水域还受水深影响。风速小，作用时间短，作用距离短产生不了大浪。有限风区的水域一般都是风产生的风成浪。风成浪的特点是波周期短。宽阔的水域就会有从远处产生的风浪传至近岸水域的涌浪。波浪传播过程中长周期部分传播速度快，传播距离远，至我们观测处波周期长，故涌浪波周期长。当然我们还见到无风时的浪，称之为涌浪，这也是由风引起，当风引起波浪传至风作用区域以外，被我们见到。

波浪最初的形成是一个复杂的响应和剪切作用过程。不同波高、波长和波周期的波不断形成，并且方向不一，一旦波浪形成了就可以传播很远，扩散到不同海域，这一过程波高减小，波长和周期不变。

随着波浪靠近海岸，因为折射和浅水变形作用，波高和波长逐渐变化，最后破碎在海岸上。一旦波浪破碎，就进入碎波区。在这个区域波浪出现最复杂的转化和衰减过程，包括波浪破碎后产生的沿岸流和裂流，带动海岸泥沙输移。波浪传播到近岸快破碎时形态如图 1.4 所示。因为海岸岸边构筑物的存在，波浪到近岸还可能产生绕射和反射等复杂的波浪运动。

图1.4　波浪破碎时形态

波浪是决定沙滩形状和形态的主要动力因素，沙滩上波浪作用取决于波浪的形式和沙滩的组成物质（G. benassai，2006）。沙滩组成物质一般为沙和沙砾，随着波浪靠近海岸的时候，在过渡水深中，波浪最初开始触碰底部，开始引起底部泥沙振动运动。在碎波区，随着波浪靠近海岸，波浪波高进一步增加，当底部角度变陡的时候，碎波区宽度小。每一个陡波，破碎波涌到岸滩，最终最后一个破碎波影响到沙滩，耗散的波能上冲到沙滩顶部，流速降为零，然后形成逆流，流下沙滩，直到下一个波到达（Willem t bakker，2013）。

在碎波区，底床经受一系列复杂的力。因为每个波振动运动在底床上产生一个相应的摩擦剪切应力，接着反射波传播过来，斜波入射，在沿岸方向水流也会产生一个附加的底床剪切应力。同时破碎水体沿着海床产生一个组合的重力。在沙滩上因为底摩擦和破波影响，沙滩会产生涡流，整个过程是复杂的。

如果底床和沙滩是移动物质，如沙、砾石，它很可能被上述合成力输移，这也解释了沙滩上物质的分选，粗颗粒与细颗粒沉积在不同区域。因此海岸泥沙输移被分成两部分，垂直于海岸线（也叫横向输沙）和平行于海岸线（也叫纵向输沙）。沙滩是否稳定主要取决于微观到宏观时间尺度的泥沙输移率，波浪常常以一个斜角靠近海岸，波高和角度随时变化。泥沙可以在非破波条件下输移，但大部分发生在碎波区和上爬区。波浪作用于沙滩时，不断淘刷海滩，细颗粒泥沙首先被掀起带走，留下粗颗粒泥沙，特别是波浪集中碎波区，波能强，留下的颗粒非常粗。分选的结果是沙滩上碎波区泥沙较粗，沙滩底部泥沙较细。

1.5.3 波浪变形

当波浪靠近海岸时，它就被海床影响，产生折射、浅水变形、波浪破碎等变化。

（1）浅水变形：波浪向近岸传播时，因水深逐渐变小，当水深小于波长一半时，引起波传播速度减小，波长也逐渐减小，这一过程就是波浪浅水变形。

（2）折射：因为波浪在浅水区传播速度小于深水区，当波浪向岸边进入浅水（$d<L/2$）后，因水深变浅，波速 c 变小，波浪的传播方向将随地形变化，波峰线趋向于与水底地形或岸线平行，这种现象称波浪折射。

（3）绕射：当从外海传入的波浪受海岸岬角或人工建筑物等障碍物阻挡时，波浪传播将绕过障碍物继续传播，使被掩护水域亦发生波动，此种现象称波浪绕射。

（4）波浪破碎：波浪传至近岸时，水深减小，波长变短，波高可能增加，波陡增加。当波陡达到极限时发生破碎，引起平均水位增高和近岸流。这一动力变化过程，对近岸泥沙搬运、岸滩地形改变起着重要作用。

1.5.4　水流动力

海流存在于深海，也覆盖大陆架和近海区域，海流对近岸浅水区的泥沙运动影响很小，近岸这一区域主要是波导流，包括：波浪破碎前海底震荡流、波浪破碎时向岸的冲流、裂流和沿岸流。这一近岸流体系如图 1.5 所示，表面波的传播在波浪前进方向上产生大量输移，这也是对线性波理论的二阶修正，这种大量输移被称为漂流，直接朝向海岸的，与波浪破碎时冲向海岸的冲流构成向岸运动的主要两种流。沿岸流是斜向入射的波浪破碎时顺着海岸运动的分流，这种流平行于海岸线，挟带泥沙沿岸运动，沿岸流流速最大可以超过 2.50 m/s，挟沙量惊人。裂流是破碎水体流回海洋的条带状表面流，因此会引起向海的泥沙输移，超过 1.5 m/s 的裂流已经被测量到。近岸流是近岸水体的重要运动方式，对海岸带泥沙运移和

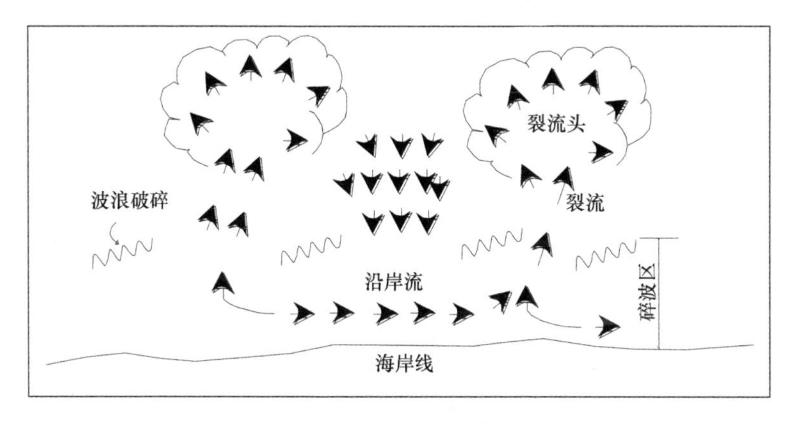

图 1.5　近岸沿岸流体系

海岸地形地貌演化起到了不可忽略的作用。

1.5.5 海平面变化

因为引起海岸线波动和上爬区的特征，所以水位变化是重要的。水位变化主要有两种类型：一种是天文潮，很有规律的振动变化，周期从半天到1年不等；另一种没有规律，出现周期从1天到几年，主要是气象水位变化，这种变化是缓慢的，变化程度也不大。对于天文潮，主要是地球、太阳和月亮引力作用下水位的周期性升高和降低。深水中潮波高差别不大，在0.5 m范围内，但是在近岸浅水区，局部地方潮汐水位最高能达到15 m高，影响非常大。根据潮型划分为半日潮和全日潮，在半日潮的地方，一天有两次高水位，两次低水位；而全日潮，一天仅有一个高、低水位。另外，大、小潮期间水位差别也很大。

1.5.6 风暴潮

风暴潮是由热带气旋、温带气旋、冷锋的强风作用和气压骤变等强烈的天气系统引起的海面异常升降现象。风暴增水导致的水面升高，伴随的暴风浪激烈的作用于平常海浪作用不到的海岸线以上区域，可以使海岸高地大面积蚀退，影响巨大。1980年7月22日“8007”号台风登陆雷州半岛，其最大增水值为5.94 m，位居中国潮位资料记录之首。

1.6 海岸变化

在海岸动力作用下，波浪破碎使得波浪运动变形进入紊流状态，搅动近岸泥沙运动形成沙质环境，破碎波产生了近岸流，海岸泥沙被近岸流不断挟带输移，引起海岸地形地貌时刻变化，按照海岸动力作用方向的差异，近岸泥沙运动分为横向运动（向岸-离岸运动）和纵向运动。这两种运动体现在地形上就是海岸的侵蚀与淤积（Takaakiuda,2010）。

海岸变化有自然因素引起的变化，如海平面上升 、风、波浪、潮流、风暴潮以及河口泥沙运动等。也有海岸工程建筑物建设引起的海岸变化，如近岸围垦、防波堤、港口码头、导堤、丁坝等海岸工程建设。不管是自然因素还是工程建设，都是通过影响近岸环流体系来改变海岸变化。

我国是海岸侵蚀灾害最为严重的国家之一，砂质海岸线70%存在海岸侵蚀现象，在大风浪季节更是明显（陈吉余，2010）。图1.6为三亚海岸台风后海岸侵蚀形态，泥沙侵蚀严重，近岸植被裸露。

图1.6　海岸侵蚀

1.7 海岸模拟技术

概化影响海岸变化的因素、海岸动力和演变的分析还是困难的，因为用数学模型来预测评估海岸变化，大部分研究集中于短期、局部分析，依靠的是一次的水动力因素，对长期的、大规模尺度的演变研究，一些数模研究还是不能得到完整的影响和变化。为研究海岸动力过程和泥沙运动的输移而产生了专门的海岸工程专业。

海岸工程还是一个相对新的快速发展的学科，它要求多方面的专业知识，包括波浪力学、泥沙输移、潮汐理论、数学模型及物理模型等。为了理解海岸过程的相互作用，数学模型和物理模型被人们用来模拟海岸工程的影响，预测海岸未来的变化。由于数学模型和物理模型的差异，海岸工程中风暴潮的模拟用数学模型更有效，这也是数学模型快速发展的原因。但是对于海岸线工程建设及长期演化，一直没有好的模拟技术来预测。

随着数学模拟技术发展，基于近岸区波浪传播、长波和平均流、泥沙输移和地形变化的二维海岸演变的数学模型不断发展，如Xbeach 数值计算软件，模型主要包括水动力过程和地形动力过程，可以对包括短波和长波变形，波引起的波浪增水和不稳定流等的动力变化过程及底沙和悬沙输移、沙丘移动、植被影响等影响地形变化的过程进行模拟。

物理模型为研究海岸工程问题提供了一个重要的便利条件，在解决海岸波浪问题中更是具有不可替代的作用。根据比尺效应，模型比原型更小，这就要求模型必须满足一些基本的几何比尺相似条件。波浪泥沙物理模型还必须满足两个基本准则，即波浪运动相似和泥沙运动相似。受试验条件及模型沙限制，以往的物理模型一般做成变态，随着技术的发展以及实验条件的改善，正态物理模型得到越来越多的重视，模型沙也更趋向于用原型沙。

第2章　风沙运动

2.1　风况

风是海洋波浪动力重要来源之一，也是研究海岸、海洋工程和其他人类活动所需要了解的重要因素，因此有关风的研究在海岸、海洋水文中占有重要地位。

我国东部沿海是典型的季风气候海岸区，冬季大多数海岸盛行东北风，夏季盛行东南风，春季、秋季为东北风和东南风相互过渡的季节。从沿海年平均风速分布看，东海沿岸较大，南海沿岸最小，年平均风速为 3 m/s。东海、南海台风季节风速尤其大，东南沿海也是台风登陆较多的地区，渤海、黄海寒潮期间风速也很大。

图 2.1 为东海某海域海岸春、夏、秋、冬各个季节平均风速及频率分布。春季 NNE 向、E 向及 SE 向为主导风向，平均风速 NNE 向最大；夏季为主导风向为 S 向，平均风速 SSE 向最大；秋季 NE 向为主导风向，平均风速 SSE 向最大；冬季 NNE 向为主导风向，平均风速 NNE 向最大。

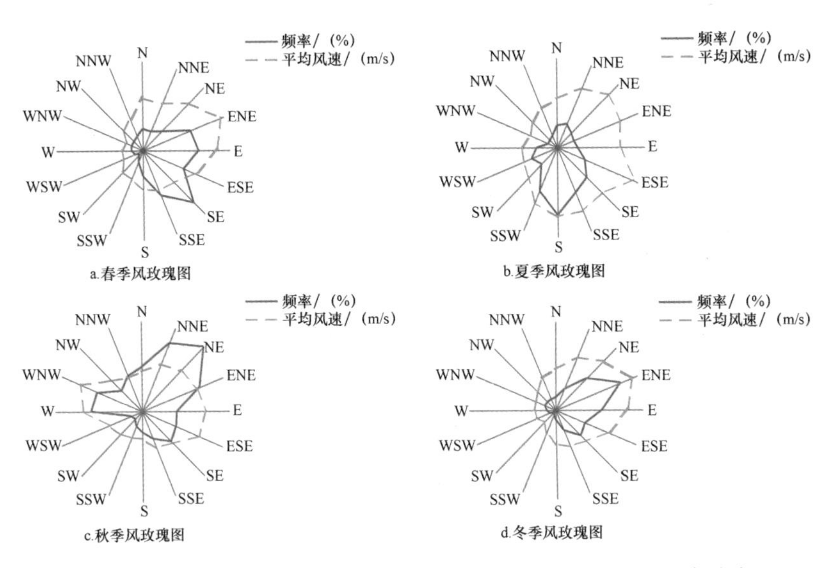

图 2.1 东海某海域春、夏、秋、冬各个季节平均风速及频率分布

2.2 风的表示

表示风的两个重要指标是风向和风速，风速一般用平均风速和最大风速表征，风浪计算时通常采用 2 min 平均风速。最大风速对应的风速方向为最大风速方向，风向一般分为 16 个方位（表 2.1），为了表示风特征在某方向上出现的多少，引入了频率概念，风速按照大小分为 13 个等级，称风力等级，如表 2.2 所示。

表 2.1 风向方位

方位	度数	方位	度数
N（北）	348.75°—11.25°	S（南）	168.75°—191.25°
NNE（北东北）	11.25°—33.75°	SSW（南西南）	191.25°—213.75°
NE（东北）	33.75°—56.25°	SW（西南）	213.75°—236.25°
ENE（东东北）	56.25°—78.75°	WSW（西西南）	236.25°—258.75°
E（东）	78.75°—101.25°	W（西）	258.75°—281.25°
ESE（东东南）	101.25°—123.75°	WNW（西西北）	281.25°—303.75°
SE（东南）	123.75°—146.25°	NW（西北）	303.75°—326.25°
SSE（南东南）	146.25°—168.75°	NNW（北西北）	326.25°—348.75°

表 2.2 风力等级划分

风级	名称	风速		海面状况	海面征象	海面浪高/m	
		海里/时	m/s			一般	最高
0	无风	<1	0~0.2	如镜	海面如镜	—	—
1	软风	1~3	0.3~1.5	微波	无白色波顶的波纹	0.1	0.1
2	轻风	4~6	1.6~3.3	小浪	明显波纹，波顶不碎	0.2	0.3
3	微风	7~10	3.4~5.4	小浪	见白色波浪的较大波	0.6	1.0
4	和风	11~16	5.5~7.9	轻浪	有浪花溅起	1.0	1.5
5	清劲风	17~21	8.0~10.7	中浪	波浪白沫飞布海面	2.0	2.5
6	强风	22~27	10.8~13.8	大浪	大浪飞沫	3.0	4.0
7	疾风	28~33	13.9~17.1	巨浪	破波白泡沫成纤维状	4.0	5.5
8	大风	34~40	17.2~20.7	狂浪	浪长高有浪花	5.5	7.5
9	烈风	41~47	20.8~24.4	狂涛	浪峰倒卷	7.0	10.0
10	狂风	48~55	24.5~28.4	狂涛	海浪翻滚咆哮	9.0	12.5
11	暴风	56~63	28.5~32.6		波峰全程飞沫	11.5	16.0
12	飓风	>64	32.7~36.9		海浪滔天	14.0	—

2.3　风沙运动

风一方面通过海洋波浪间接影响近岸泥沙运动，另一方面，风会直接作用在近岸高潮位以上的泥沙。风作用下泥沙起动，一般有 3 种运动形式，蠕移、跃移和悬移（贺大良，申健友，刘大有，1990）。泥沙运动形式主要受风速大小、泥沙粒径及空气温度等因素制约（邹维，2012）。

悬移：悬移一般为小于 0.10 mm 的细沙，在大风作用下可以飘到很远的距离。

跃移：这是风沙运动的主要形式，粒径为 0.10~0.15 mm 的细沙最容易以跃移形式运动。

蠕移：粒径为 0.15~0.20 mm 的沙大部分以蠕移形式运动。

根据风速大小，风沙运动也存在两种运动形态：层流和紊流。风沙流的起风风速一般按照 2.0 m 高度处的风速。起沙风速与泥沙粒径、地表性质沙粒含水量及植被覆盖等自然条件有关。粒径为 0.1~0.25 mm 的泥沙地面以上 2.0 m 风速需要4.0 m/s才能起动，粒径为 0.25~0.50 mm 的泥沙地面以上 2.0 m 风速需要 5.6 m/s 才能起动（钱宁，万兆惠，2003）。风沙运动一般发生在潮间带以上部分，只有风速较大时才发生风沙运动。一些研究表明：起沙风速与沙粒粒径的平方根成正比。图 2.2 为近岸风沙作用区域。

图 2.2　近岸风沙作用区域

2.4　风浪推算

风作用在海面上，会直接产生波浪，这一过程是极其复杂的，海洋中风浪计算研究已经有很多成熟的数值方法。影响风浪成长的因素很复杂，其中重要的因素有风况、水深、海底和岸线地形等。

在一定的风况条件下，风浪的形成可分充分发展、定常、过度和破碎等几种状态。在一定风向和风速作用下，当风距、风时和水深足够大时，此时风传递于波浪的能量和波浪内部消耗的能量达到平衡，风浪发展到极限状态，称之充分发展的风浪。当水深和风时足够大，但风距不够大，对波高成长起限制作用的波，称深水定常波，如果因水深小而达到定常波的称浅水定常波。

通常情况下，某一统计特征的波要素与其主要影响因素关系可

写为

$$H,\ T = f(V,\ F,\ d,\ t,\ g) \tag{2-1}$$

$$t_{\min} = f(V,\ F,\ d,\ t,\ g) \tag{2-2}$$

式中，H、T 分别为某一特征波高和波周期；t 为风时；$t_{\min}$ 为在一定条件下风浪达到定常状态的最小风时；F 为风距；V 为风速；d 为水深；g 为重力加速度。

根据因次分析，式（2-1）和式（2-2）可写成：

$$\frac{gH}{V^2} = f\left(\frac{gF}{V^2},\ \frac{gd}{V^2},\ \frac{gt}{V}\right) \tag{2-3}$$

$$\frac{gT}{V} = f\left(\frac{gF}{V^2},\ \frac{gd}{V^2},\ \frac{gt}{V}\right) = f\left(\frac{gH}{V^2}\right) \tag{2-4}$$

$$\frac{gt_{\min}}{V} = f\left(\frac{gF}{V^2},\ \frac{gd}{V^2}\right) \tag{2-5}$$

按几种风浪成长的状态定义有风浪为

充分发展的风浪：

$$\frac{gH}{V^2} = \mathrm{c}(\text{常数}) \tag{2-6}$$

$$\frac{gT}{V} = \mathrm{c}(\text{常数}) \tag{2-7}$$

深水风波（$d \geqslant L/2$）：

$$\frac{gH}{V^2} = f\left(\frac{gF}{V^2},\ \frac{gt}{V}\right) \tag{2-8}$$

$$\frac{gT}{V} = f\left(\frac{gF}{V^2},\ \frac{gt}{V}\right) \tag{2-9}$$

$$\frac{gt_{\min}}{V} = f\left(\frac{gF}{V^2}\right) \tag{2-10}$$

当 $\frac{gt}{V} \geqslant \frac{gt_{\min}}{V}$ 时波浪处于定常状态：

深水定常波：

$$\frac{gH}{V^2}=f\left(\frac{gF}{V^2}\right) \tag{2-11}$$

$$\frac{gT}{V}=f\left(\frac{gF}{V^2}\right) \tag{2-12}$$

浅水定常波：

$$\frac{gH}{V^2}=f\left(\frac{gF}{V^2},\ \frac{gd}{V^2}\right) \tag{2-13}$$

$$\frac{gT}{V^2}=f\left(\frac{gF}{V^2},\ \frac{gd}{V^2}\right) \tag{2-14}$$

这里深水波和浅水波以水深等于二分之一波长为界，当水深大于或等于二分之一波长时为深水波，水深小于二分之一波长为浅水波。对于水深不大的水域，风浪成长初期，波高小、波长短，风浪仍属于深水波。

2.5 几种参数化方法计算公式

简单的风浪参数化方法计算公式最早在第二次世界大战后由 Sverdrup 和 Munk 提出。此后各研究者通过现场的实验室研究提出了许多新的公式，几种常用的公式如下。

我国海洋水文规范 1987 年版提出了一套曲线计算风浪，其后中国海洋大学的专家们在广泛收集现场资料的基础上比较了西方国家和苏联的计算方法后，提出了新的公式和计算图表并载入海港水文规范中。其公式为

$$\frac{gH}{V^2}=5.5\times10^{-3}\left(\frac{gF}{V^2}\right)^{0.35}\tanh\left[30\frac{\left(\frac{gd}{V^2}\right)^{0.8}}{\left(\frac{gF}{V^2}\right)^{0.35}}\right] \tag{2-15}$$

$$\frac{gT}{V}=0.55\left(\frac{gF}{V^2}\right)^{0.233}\tanh^{\frac{2}{3}}\left[30\frac{\left(\frac{gd}{V^2}\right)^{0.8}}{\left(\frac{gF}{V^2}\right)^{0.35}}\right] \tag{2-16}$$

式中，H、T分别为有效波高及有效波周期。

根据莆田实验站及其他地方所测资料，分析以后给出风浪要素的计算公式如下：

$$\frac{gH}{V^2}=0.13\tanh\left[0.7\left(\frac{gd}{V^2}\right)^{0.7}\right]\tanh\left\{\frac{0.0018\left(\frac{gF}{V^2}\right)^{0.45}}{0.13\tanh\left[0.7\left(\frac{gd}{V^2}\right)^{0.7}\right]}\right\} \tag{2-17}$$

$$\frac{gT}{V}=13.9\left(\frac{gH}{V^2}\right)^{0.5} \tag{2-18}$$

式中，H、T分别为平均波高和平均波周期。

莆田实验站风浪计算方法已列入了堤防设计规范中，也有图表可查。

美国海岸防护手册1977年版给出的计算风浪的方法为Bretschneider在Sverdrup-Munk方法基础上提出，故该方法称SMB法，其公式为

$$\frac{gH}{V^2}=0.283\tanh\left[0.53\left(\frac{gd}{V^2}\right)^{0.75}\right]\tanh\left\{\frac{0.0125\left(\frac{gF}{V^2}\right)^{0.42}}{\tanh\left[0.53\left(\frac{gd}{V^2}\right)^{0.75}\right]}\right\} \tag{2-19}$$

$$\frac{gT}{V}=1.2\tanh\left[0.833\left(\frac{gd}{V^2}\right)^{0.375}\right]\tanh\left\{\frac{0.77\left(\frac{gF}{V^2}\right)^{0.25}}{\tanh\left[0.833\left(\frac{gd}{V^2}\right)^{0.375}\right]}\right\} \tag{2-20}$$

式中，H、T_s分别为有效波高和有效波周期。

海岸防护手册 1984 年版中，由 Bretschneider 方法的水深函数用于 Jonswap 深水波成长曲线，给出如下公式：

$$\frac{gH}{V_*}=200\tanh\left[0.003\,877\left(\frac{gd}{V_*^2}\right)^{0.75}\right]\tanh\left\{\frac{0.000\,212\,9\left(\frac{gF}{V_*^2}\right)^{0.5}}{\tanh\left[0.003\,877\left(\frac{gd}{V_*^2}\right)^{0.75}\right]}\right\} \tag{2-21}$$

$$\frac{g\,T_m}{V_*}=200\tanh\left[0.007\,125\left(\frac{gd}{V_*^2}\right)^{0.375}\right]\tanh\left\{\frac{0.004\,26\left(\frac{gF}{V_*^2}\right)^{1/3}}{\tanh\left[0.007\,125\left(\frac{gd}{V_*^2}\right)^{0.75}\right]}\right\} \tag{2-22}$$

式中，H、T_m分别为有效波高和谱峰周期；V_*为摩阻速度，可由水面 10 m 高处风速 V_{10}换算，即 $V_*=\sqrt{C_d}V_{10}$，C_d为拖曳系数，当水温和气温差为 0 时，$C_d=10^{-3}$（0.75+0.067 V_{10}）。

苏联规范（CH HπⅡ57-75）方法为

$$\frac{gH}{V^2}=0.16\tanh\left\{1-\left[\frac{1}{1+0.006\left(\frac{gF}{V^2}\right)^{0.5}}\right]\right\}$$

$$\tanh\left\{\frac{0.001\,8\left(\frac{gd}{V^2}\right)^{0.8}}{1-\left\{1+0.006\left[\left(\frac{gF}{V^2}\right)^{0.5}\right]^{-2}\right\}}\right\} \tag{2-23}$$

$$\frac{gT}{V^2}=19.48\left(\frac{gH}{V^2}\right)^{0.625} \tag{2-24}$$

以上各式中，H 为平均波高（m），H 为有效波高（m），d 为水深（m），T 为平均周期（s），F 为风区长度（m），V 为风速（m/s），g 为重力加速度（9.81 m/s^2）。

2.6　风浪要素中特定参数的取值

（1）风是风浪要素的重要影响因素。风浪计算中一般取水面上 10 m 高度处的风速，如风资料取自台站，台站风速仪高程距水面高度不是 10 m 时应进行高度订正，如台站在陆地上应进行水陆订正，如陆上台站附近有森林、建筑物等应进行周围环境订正，如没有测站的风的资料，则采用地面天气图等压线分布情况计算水面上的风速。

（2）风速的高度换算：一般认为风速沿高度的变化接近于对数规律，在不同高程上风速比值关系为

$$\frac{V_{Z_2}}{V_{Z_1}}=\frac{\lg z_2-\lg z_0}{\lg z_1-\lg z_0} \tag{2-25}$$

式中，V_{Z_2} 为高程 Z_2处的风速；V_{Z_1} 为高程 Z_1处的风速；Z_0为地面粗糙度，地面取 0.03 m，海面取 0.003 m（邱大洪，2004）。

则得离地（海）面 10 m 处的风速与离地（海）面 Z 米处的风速的关系为

$$K_Z = \frac{V_{10}}{V_Z} \tag{2-26}$$

根据 K_Z 可以把不同观测高度处的风速统一到标准高度的风速，便于比较。

（3）在风速和风向比较一致水域划分风区。由地形图上量出风区上、下沿间的距离，即得风距。在广阔海域可由地面天气图按等压线走向以及密度显著改变处作为风距的边界。对于狭窄水域，我国相关规范采用等效风距方法取值。Resio 等 1979 年的研究认为，在风距所在水域内水域宽度对波浪影响不大，故海岸工作手册建议取直线长度平均后得风距。

（4）《海港水文规范》中建议当风距内水深大致均匀时，可取其平均水深计算风浪，当风距内水深沿风向变化较大时，将水域分成几段来计算风浪要素。

风区 F 的取值：在风浪生成过程中，与主方位相邻方位上风能也将有所贡献。采用克雷洛夫提出的能量风区法，合成波高：

$$Hp = \sqrt{0.25Ho^2 + 0.21(H_{-1}^2 + H_{+1}^2) + 0.13(H_{-2}^2 + H_{+2}^2) + 0.035(H_{-3}^2 + H_{+3}^2)} \tag{2-27}$$

式中，Ho 为主方位算得波高，H_{-1}、H_{+1} 等为相邻方位算得波高，相邻方位之间夹角取 11.25°。

各种累积率波高与平均波高之间关系须用格鲁堆夫斯基波高经验分布公式换算：

$$\frac{H_F}{H} = \left[-(1 + 0.4H_*)\ln F\right]^{(1-H_*)/2} \tag{2-28}$$

式中，$H_* = \frac{H}{d}$，d 为当地水深，H_F 为累积率波高，H 为平均波高。

有效波高 H_S 与平均波高 H 之间关系：$H_S = 1.6H$

有效波周期 T_S 与平均波周期 T 之间为：$T_S = 1.15T$

2.7　短期风速资料作用

风对近岸泥沙运动是很重要的，因此需要对风速进行观测以利于生产活动。目前我国各省市县镇已经建设了很多气象观测站，同时观测记录温度、气压、雨量、风速和风向等资料信息。由于我国幅员辽阔，地形、地貌变化大，特别是近海、平原、山区相互嵌套的地形地貌，对风速、风向的影响变化差异大。即使建立了很多气象风速、风向观测站，但是对局部复杂的地形环境还是不能较准确地反映该地的风速、风向特征，这些地方观测资料少，缺乏多年连续观测资料。在工程应用时由于资料短缺影响设计，对工程后续正常运行产生很多风险。因此，怎样充分利用已有的观测资料为局部复杂的地形环境和毗邻气象观测站附近的区域建立联系是一个重要的研究方面。

根据流体力学的物理量分布的连续性原理，相距不远的测站处于大致相同的大型环流背景下，尽管它们的地理环境有其不同的特点，但都受到共同的环流背景制约，气象要素变化或多或少存在一定程度的统计关联。据此原理，可以采用同步观测方法来实现拥有可靠的较长连续风速观测序列的气象站和所需要观测点的关系（黄世成，周嘉陵，陈兵，等，2007），这就需要我们在沿海复杂海岸条件地区建设临时观测站，并与附近气象观测站联动观测。

2.8 短期测风站案例

厦门气象台位于厦门东渡狐尾山，利用该站 1954—1999 年多年风速资料统计分析各向最大风速、平均风速及出现频率玫瑰图（图 2.3）。数据分析表明，厦门来风主要集中在 N—E—S 向，其频率占总数的 76.7%，其他方向较少，常风向 E、次常风向 NNE，频率分别是 16.1%、14.3%。N—E 向强风向为 ENE 向，最大风速 30.5 m/s，E—S 向强风向为 ESE 向，最大风速 38 m/s，因此，厦门风主要来自东部方向。

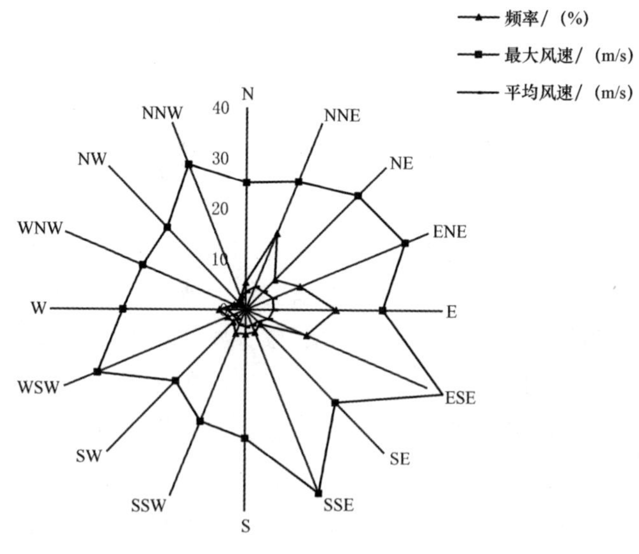

图 2.3　厦门气象站资料风玫瑰图

把位于厦门市东渡狐尾山气象站作为基本站，在厦门东部五通海边建立地面风同步观测站，进行风速、风向同步观测。两测站位置如图 2. 4 所示。两站距离约 10 km，相距不远，且无特别地貌差异，处于基本相同的环流背景下，仅受局部地理位置差别影响。

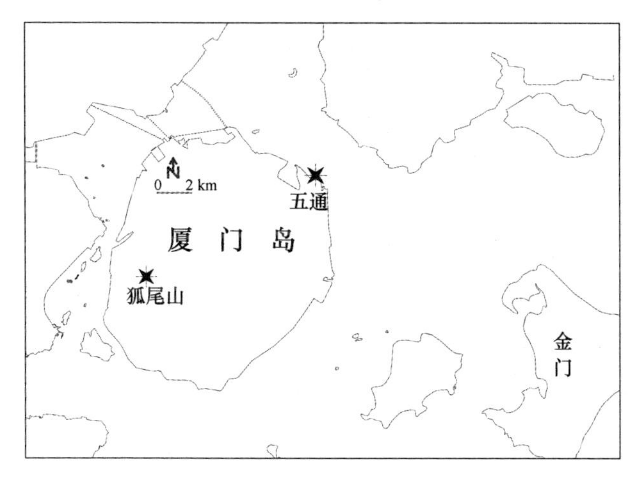

图 2. 4　观测站位置示意

2. 8. 1　短期同步观测资料及相关性分析

五通观测资料分析得到分方向的平均风速及频率，结果如表 2. 3 所示，可以看出，五通风向主要在 NE—E、SE 向，在 N—E—S 向其频率占总数的 75. 6%。常风向 ENE 向频率为 11. 7%，强风向主要为 NE、其次为 ESE 向，NE 向最大风速为 18. 5 m/s，观测台风期间强风向为 WSW 和 WNW 向。观测台风期间风速比较大，基本控制当地强风向。最大 WSW 向风速为 21. 6 m/s。五通测风站各月强风向与常风向方向并不一致，强风向在当月常风向、次常风向邻近方向上。总体上看，五通临时观测站风资料分布特征与厦门东渡狐尾山气象站气象资料特征基本一致。

表 2.3　短期观测资料各向风速统计表

风向	累计频率/(%)	平均风速/(m/s)	最大风速/(m/s)	风向	累计频率/(%)	平均风速/(m/s)	最大风速/(m/s)
N	4.9	2.8	11.4	S	6.6	2.7	7.6
NNE	6.8	3.5	13.1	SSW	4.1	2.4	13.1
NE	9.2	4.1	18.5	SW	2.2	1.9	16.8
ENE	11.7	4.8	13	WSW	3.1	1.7	21.6
E	9.3	4.2	15	W	4.3	3	12
ESE	8.1	3.8	18.2	WNW	3.9	3.3	15.8
SE	10.8	2.8	14.2	NW	3.2	2.3	17.2
SSE	8.2	2.7	7.5	NNW	3.7	2.4	9.6

2.8.2　观测资料与厦门气象台资料相关性分析

图 2.5 为厦门气象台站风速与厦门五通观测站同部观测期间出现最大风速当日风速相关性关系，当日厦门气象台站观测最大风速 18.1 m/s，五通观测站同时间风速为 21.6 m/s，相关性系数 R 为 0.94，表现很强的正相关性。图 2.6 为厦门气象台站风速与厦门五通观测站同步日平均风速相关性关系图，可以看出，厦门五通观测站风速与厦门气象台站风速有很好的相关性，相关系数达到 0.76。

上述各相关性表明厦门五通地区风速比厦门气象站风速大，从两地地理特征看，五通观测站在厦门气象台站东部，而厦门地区以东部来风为主导；从方向推进上看，气象站位置在后方，沿途经过区域为高低不一的房屋，五通观测点位置临近海边，海面开阔，风速比厦门气象站大是合理的。

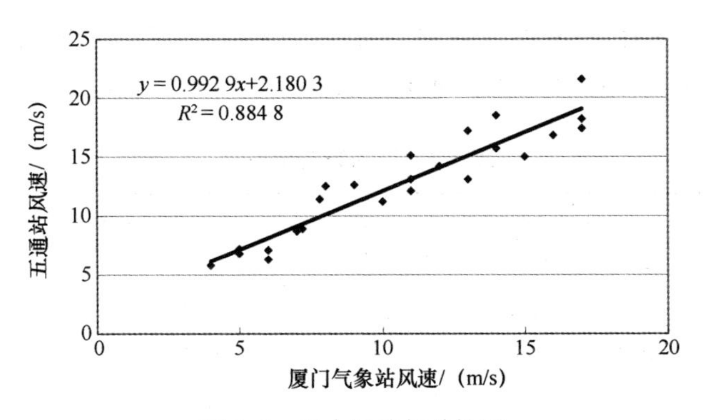

图 2.5 最大风速相关性图

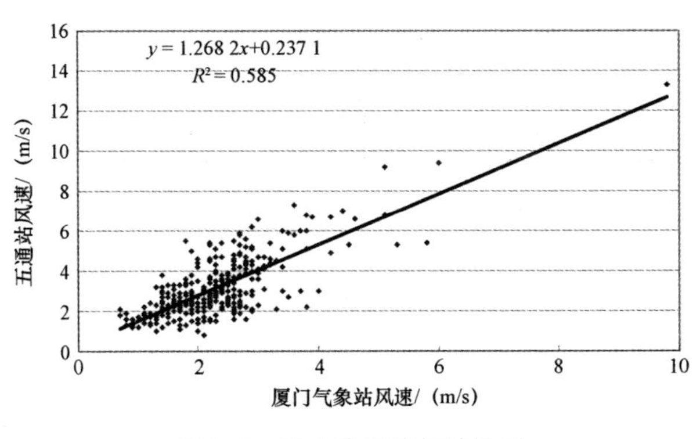

图 2.6 日平均风速相关性图

2.8.3 风速推算

根据厦门气象站长期的风速年极值资料进行频率分析，采用P-Ⅲ分布拟合经验频率点，利用上述厦门气象台站与厦门五通观测站风速相关关系修正厦门气象台站设计风速得到五通水域不同方向重现期风速结果如表2.4所示。从表中看出，厦门五通水域2年一遇风速 NNE 向最大，为 15. 2 m/s；10 年一遇风速 ESE 向最大，为 24. 2 m/s；50 年一遇风速 ESE 向最大，为 36. 3m/s。

表 2. 4　不同重现期风速

风向	重现期风速/（m/s）			风向	重现期风速/（m/s）		
	2 年	10 年	50 年		2 年	10 年	50 年
N	11. 6	18. 2	23. 7	S	11. 6	17. 2	22. 0
NNE	15. 2	19. 3	21. 9	SSW	11. 7	18. 2	23. 4
NE	14. 5	21. 1	26. 1	SW	8. 3	12. 4	15. 3
ENE	14. 9	20. 0	23. 3	WSW	9. 7	18. 8	28. 0
E	12. 6	19. 9	26. 4	W	11. 9	19. 4	25. 4
ESE	13. 3	24. 2	36. 3	WNW	13. 4	19. 3	23. 6
SE	11. 1	17. 9	24. 3	NW	10. 0	17. 7	23. 5
SSE	12. 5	19. 8	26. 2	NNW	12. 2	21. 7	30. 5

第3章　波浪运动理论

波浪是近岸泥沙运动的最主要动力，描述波浪运动理论主要有：微幅波理论、有限振幅波理论、椭圆余弦波理论以及孤立波理论等。其中微幅波理论是最基础的波浪运动理论，对波动特性进行了清晰的描述。

根据波浪周期长短波浪一般分为两种：短波（周期小于 20 s）和长波（周期大于 20 s）。1965 年，Kinsman 根据周期（频率）给出了海洋波浪划分，其中重力波（周期 1～30 s）在海岸泥沙运动中是最重要的波，短波包括风波和涌浪，长波包括风暴潮和海啸。波浪特征（波高、波周期、方向）主要依赖以下几个因素：①风场（风速、风方向、时长）；②风场长度（风程）或者海面水域长度；③风区海域的水深。

表示波浪特征的有基本参数和复合参数。基本参数包括空间尺度参数和时间尺度参数，其中，空间尺度参数有波高、振幅、波面、波长、水深，时间尺寸参数有波周期、波频率、波速。复合参数包括波动角频率、波数、波陡、相对水深。

波高：波谷底到波峰顶的垂直距离，表示为 H；

振幅：波浪中心到波峰顶的垂直距离，表示为 α；

波面：波面到静水面的垂直距离，表示为 $\eta = \eta(x, t)$；

波长：两个相邻波峰顶或波谷底之间的水平距离，表示为 L；

水深：静水面到海底的垂直距离，表示为 d；

波周期：波浪推进一个波长所需要的时间，表示为 T；

波频率：单位时间内波动次数，表示为 $f=\frac{1}{T}$；

波速：波浪传播速度，表示为 $c=\frac{L}{T}$；

波动角频率：也称圆频率，表示为 $\sigma=\frac{2\pi}{T}$；

波数：2π 长度上波动的个数，表示为 $k=\frac{2\pi}{L}$；

波陡：波高与波长之比，表示为 $\delta=\frac{H}{L}$；

相对水深：水深与波长之比，表示为 $\frac{d}{L}$。

3.1 微幅波理论

1845 年 Airy 最早用数学描述周期性前进波，艾利波理论有严格的应用条件，波高比波长和水深小，也被称为线性波或一阶波。

3.1.1 艾利波方程

艾利波是源于二维流体流速理念。对海洋波来讲，这是一个合理的开始。黏滞性、表面张力和紊流影响小。图 3.1 显示了一个正弦波的波长、波高、波周期。从静水位开始的自由表面高度 η 随着时间 t 变化，η 表示如下：

$$\eta=\frac{H}{2}\cos 2\pi\left(\frac{x}{L}-\frac{t}{L}\right) \tag{3-1}$$

式中，x 为水平方向坐标，t 为时间。

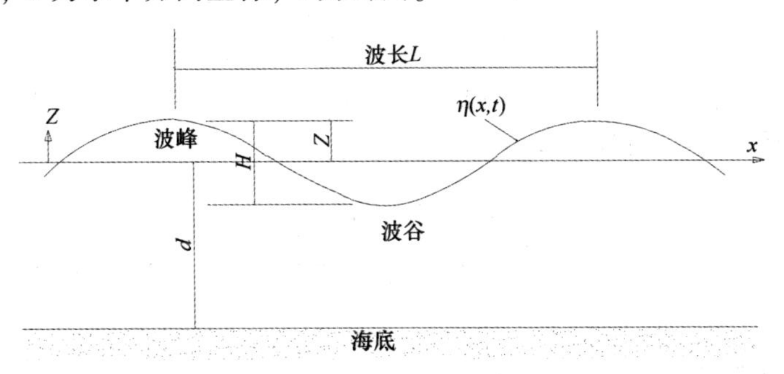

图 3.1　正弦波的波长、波高、波周期等

相应的波速 c 为

$$c = L/T \tag{3-2}$$

c 为 x 方向波浪运动速度。方程（3-1）表示艾利波方程自由表面解，艾利波方程源于拉普拉斯方程，这是一个简单的应用于水流连续方程表达：

$$\frac{\partial u}{\partial x} + \frac{\partial \omega}{\partial z} = 0 = \frac{\partial^2 \phi}{\partial x^2} + \frac{\partial^2 \phi}{\partial x} \tag{3-3}$$

式中，u 为 x 方向速度，ω 为 z 方向速度，ϕ 为流速势能，$u = \partial\phi/\partial x$，$\omega = \partial\phi/\partial z$。

流速势函数解要满足整个流体的拉普拉斯方程，另外，这个解也必须满足底部和表面边界条件。在底床假设水平，垂直速度 ω 为 0。在表面，任何表面水质点必须保持在表面，因此：

$$\omega = \frac{\partial \eta}{\partial t} + u\frac{\partial \eta}{\partial x} \quad 当\ z = \eta \tag{3-4}$$

伯努利能量方程也满足：

$$\frac{p}{\rho} + \frac{1}{2}(u^2 + w^2) + g\eta + \frac{\partial \phi}{\partial t} = C(t)\ 当\ z = \eta \tag{3-5}$$

假设 $H \ll L$，$H \ll d$，在平均水面，应用水动力边界方程可得

$$\omega = \partial \eta / \partial t \text{ 当 } z = 0$$

$$g\eta + \partial \phi / \partial t = 0 \qquad (3-6)$$

因此，得到势函数 ϕ：

$$\phi = -gH\left[\frac{T}{4\pi}\right]\frac{\cosh\left(\frac{2\pi}{L}\right)(d+z)}{\cosh\left(\frac{2\pi}{L}\right)d}\sin\left(\frac{2\pi x}{L}-\frac{2\pi t}{T}\right) \qquad (3-7)$$

上述结果带入方程（3-1）可以得到波速 c：

$$c = \left(\frac{gT}{2\pi}\right)\tanh\left(\frac{2\pi d}{L}\right) \qquad (3-8)$$

3.1.2 水质流速、加速度和轨迹方程

根据上面水平和垂直速度方程和平均水位时质点速度，水平水质流速 ζ，水平流速 u，水平加速度 a_x 如下：

$$\zeta = -\frac{H}{2}\left\{\frac{\cosh[k(z+d)]}{\sinh(kd)}\right\}\sin 2\pi\left(\frac{x}{L}-\frac{t}{T}\right) \qquad (3-9)$$

$$u = \frac{\pi H}{T}\left\{\frac{\cosh[k(z+d)]}{\sinh(kd)}\right\}\cos 2\pi\left(\frac{x}{L}-\frac{t}{T}\right) \qquad (3-10)$$

$$a_x = \frac{\pi H}{T}\left\{\frac{\cosh[k(z+d)]}{\sinh(kd)}\right\}\sin 2\pi\left(\frac{x}{L}-\frac{t}{T}\right) \qquad (3-11)$$

垂直水质流速 ξ，垂直流速 ω，垂直加速度 a_z 如下：

$$\xi = \frac{H}{2}\left\{\frac{\sinh[k(z+d)]}{\sinh(kd)}\right\}\cos 2\pi\left(\frac{x}{L}-\frac{t}{T}\right) \qquad (3-12)$$

$$\omega = \frac{\pi H}{T}\left\{\frac{\sinh[k(z+d)]}{\sinh(kd)}\right\}\sin 2\pi\left(\frac{x}{L}-\frac{t}{T}\right) \qquad (3-13)$$

$$a_z = \frac{\pi H}{T}\left\{\frac{\sinh[k(z+d)]}{\sinh(kd)}\right\}\cos 2\pi\left(\frac{x}{L}-\frac{t}{T}\right) \qquad (3-14)$$

根据波浪所在海域的水深条件，把波浪分为深水波、有限水深波和浅水波。划分标准是相对水深，当水深足够大，水底不影响表面波浪运动，此种波浪称为深水波；对应的水深浅影响表面波浪运动时的波浪为有限水深波或者浅水波。划分有限水深波与浅水波的界限是 $d/L=1/20$，划分有限水深波与深水波的界限是 $d/L=1/2$。

在浅水条件下：$d/L \leqslant 0.04$，水平方向和垂直方向流速分别为

$$u=\frac{\pi H}{Tkd}\cos 2\pi\left(\frac{x}{L}-\frac{t}{T}\right) \tag{3-15}$$

$$\omega=\frac{\pi H}{T}\left(1+\frac{z}{d}\right)\sin 2\pi\left(\frac{x}{L}-\frac{t}{T}\right) \tag{3-16}$$

在深水条件下：$d/L>0.5$，水平方向和垂直方向流速分别为

$$u=\frac{\pi H}{T}e^{kz}\cos 2\pi\left(\frac{x}{L}-\frac{t}{T}\right) \tag{3-17}$$

$$\omega=\frac{\pi H}{T}e^{kz}\sin 2\pi\left(\frac{x}{L}-\frac{t}{T}\right) \tag{3-18}$$

3.1.3 水深对波浪特征影响

深水区域，因为 $d/L \geqslant 0.5$，$\tanh(kd) \cong 1$，因此波速和波长方程变为

$$c_0=\frac{gT}{2\pi} \tag{3-19}$$

$$L_0=\frac{gT^2}{2\pi} \tag{3-20}$$

因此，深水波速和波长均由波周期决定。

浅水区域，因为 $d/L \leqslant 0.04$，$\tanh(kd) \cong 2\pi d/L$，因此波速和波长方程变为

$$c=\sqrt{gd} \tag{3-21}$$

$$L = T\sqrt{gd} \tag{3-22}$$

因此，浅水波速由水深决定，而不是由波浪周期决定。波长由水深和波周期共同决定。

过渡水深在深水和浅水之间的区域，$0.5>d/L>0.04$，在这个区域，$\tanh(kd) < 1$，因此，

$$c = \frac{gT}{2\pi}\tanh(kd) = c_0\tanh(kd) \tag{3-23}$$

3.1.4 波群速度和能量传播

一个波过程中的能量主要包括势能、动能，对于艾利波理论，势能 E_P 和动能 E_K 是相等的，即

$$E_P = E_K = \frac{\rho g H^2 L}{16} \tag{3-24}$$

单位波长范围内总波能 E 为

$$E = \frac{\rho g H^2 L}{8} \tag{3-25}$$

波浪在传播过程中会存在能量传递，通过单宽波峰线长度的平均的能量传递率为波能流，艾利波波能流 P 为

$$P = Ec_g = \frac{\rho g H^2}{8}\frac{c}{2}\left[1 + \frac{2kd}{\sinh 2kd}\right] \tag{3-26}$$

式中，c_g 为波群速度，其值为

$$c_g = \frac{c}{2}\left[1 + \frac{2kd}{\sinh(2kd)}\right] \tag{3-27}$$

在浅水条件下：$d/L \leqslant 0.04$，$c_g = c$，则 $P = Ec$。

3.1.5 辐射应力

波浪辐射应力表达式为

$$S_{XX}=E\left[\frac{1}{2}+\frac{2kd}{\sinh(2kd)}\right] \tag{3-28}$$

$$S_{YY}=E\left[\frac{2kd}{\sinh(2kd)}\right] \tag{3-29}$$

在浅水条件下：$d/L\leqslant 0.04$，则

$$S_{XX}=\frac{3}{2}E \tag{3-30}$$

$$S_{YY}=\frac{1}{2}E \tag{3-31}$$

3.2 波浪变形及衰减过程

当波浪靠近近岸时，它们进入过渡水深区。波浪运动受底床影响，这些影响包括波速和波长减小，底部摩擦引起的波能耗散导致波峰和波高方向的变化，最后破碎。这一过程伴随折射、浅水变形等变化。

折射时：

$$\frac{c}{c_0}=\tanh(kd) \tag{3-32}$$

和

$$\frac{c}{c_0}=\frac{L}{L_0} \tag{3-33}$$

$$\frac{\sin\alpha}{\sin\alpha_0}=\frac{c}{c_0}=\frac{L}{L_0}=\tanh(kd) \tag{3-34}$$

浅水变形时，假设波浪传播到近岸时在底摩擦和涡流时没有损耗，则

$$\frac{p}{p_0}=\frac{E\ c_g}{E_0\ c_{g0}}=1\ 当\ E=\frac{\rho g\ H^2L}{8} \tag{3-35}$$

$$\frac{p}{p_0}=1=\left(\frac{H}{H_0}\right)^2\frac{c_g}{c_{g0}} \tag{3-36}$$

$$\frac{H}{H_0}=\left(\frac{c_g}{c_{g0}}\right)^{1/2}=k_s \tag{3-37}$$

式中，k_s 为浅水变形系数。

波浪从外海向近岸传播过程中，波形会发生较大的改变，图3.2为波浪从外海传到近岸波形变化过程。图中4为深水波形，1为波浪破碎后波形，2、3为向近岸传播过程中波形变化。总体上，波浪传播中，波峰波高先略有衰减（如4和3），然后变大（如2），即为破碎波高，破碎后波形不整，波高降低很多（如1）；波谷波高也越来越小，破碎后仅有很小的波高；传播过程中波周期不变，但波谷周期变得越来越大，波峰周期越来越小；波浪前坡变得越来越陡，后坡越来越缓。

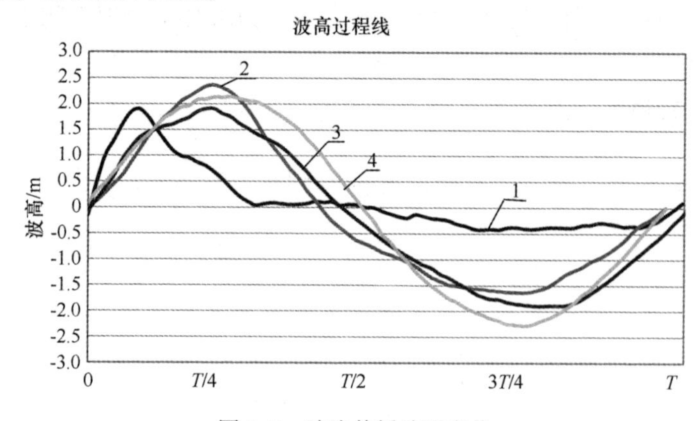

图3.2　波浪传播波形变化

对于深水区波形，波动水体可表示为$\int_0^{T/2}\eta_4 dt=\int_{T/2}^{T}\eta_4 dt$；波浪向岸传播中，波动水体关系变为$\int_0^{T/2}\eta_3 dt>\int_{T/2}^{T}\eta_3 dt$；$\int_0^{T/2}\eta_2 dt>\int_{T/2}^{T}\eta_2 dt$。因此，波浪从外海向岸传播受水深变化影响，其运动逐渐失去对称性，变成波峰较陡，波谷较平坦的非对称曲线，波峰过程历时变短，波谷历时变长，最终导致波谷较平坦的水体逐渐大于波峰较陡的水体。这也说明近岸波浪碎波区泥沙运动的总趋势是底部向海的输沙量大，波浪净输移水体是向海的。

3.3　边界层

3.3.1　波浪边界层

一般认为，波浪运动中的底部剪切应力和紊流是泥沙运动和悬浮的关键，紊流也仅在底床上一个薄层范围，即在底床与无旋转振动流之间的过渡层，在这个边界层中，波浪将带动泥沙悬浮。

图3.3为实际波浪作用边界层厚度示意图，一般情况下，边界层厚度遵循如下关系：

$$\delta \propto \sqrt{\nu T} \tag{3-38}$$

如果在层流环境，边界层厚度（Jonsson，1980）可以表示为

$$\delta=\frac{2\pi}{\beta},\ \beta=\sqrt{\frac{\pi}{\nu T}} \tag{3-39}$$

式中，ν为动力黏滞系数，T为振动周期。

短周期波（波周期约10 s）波浪边界层厚度保持在0.01～0.1 m。虽然波浪边界层厚度相当小，但产生的剪切压力和涡流强

度是很大的，对泥沙运动过程也有很大的影响。但波浪运动特征是前进一步，后退一步，如此往复，底部泥沙取决于波浪运动净位移输沙。总的来说，流还是非常重要的泥沙输移因素。

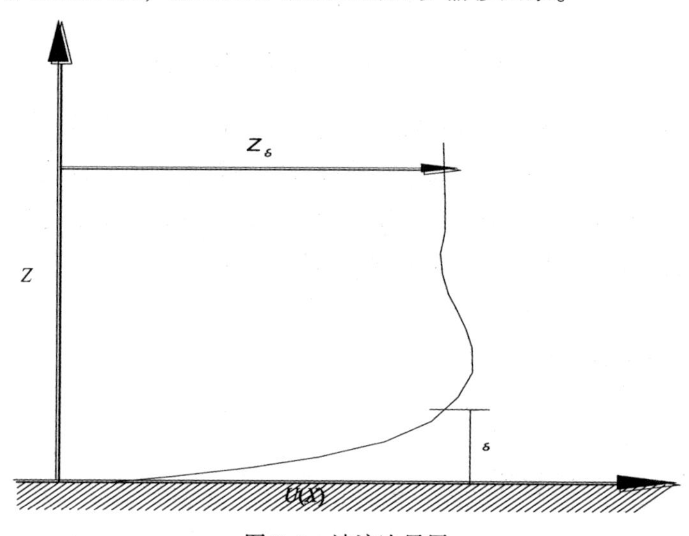

图 3.3　波浪边界层

3.3.2　底床摩擦力

在反射和浅水变形分析中，假设波浪传播到近岸是没有能量损失的。实际上，因为波能在底床上耗散，波浪在浅水区传播时会衰减。用线性波理论，可以估计这些能量损失。波浪作用下产生波浪边界层振动，平均底部剪切应力为

$$\tau_b = \frac{1}{2} f_w \rho u_m^2 \tag{3-40}$$

式中，f_w 为波浪摩擦系数，u_m 为最大底部轨迹速度，ρ 为水的密度。

根据线性波理论，波浪边界层最大底部轨迹速度 u_m 为

$$u_m = \frac{\pi H}{T\sinh(kd)} \tag{3-41}$$

对于波浪摩擦系数f_w，一般认为其为雷诺数的函数。因此波浪摩擦系数与雷诺数状况有关，分为层流、紊流两种状况，有时还分为过渡区。

Bagnold（1982）提出f_w 计算公式为

$$f_w = 0.216\left(\frac{A_b}{\lambda}\right)^{-0.75}；\text{当} A_b/\lambda > 1 \tag{3-42}$$

$$f_w = 0.24；\text{当} A_b/\lambda < 1 \tag{3-43}$$

Jonsson（1963）提出紊流区f_w计算公式为

$$f_w = \frac{0.0604}{\lg\left(\frac{30\delta}{D}\right)^2} \tag{3-44}$$

Swart 和 fleming（1980）提出f_w 计算公式为

$$f_w = 0.00066 + 0.483\left(\frac{A_{wb}}{D}\right)^{-0.91}；\text{当} 7 < A_{wb}/\lambda < 160 \tag{3-45}$$

$$f_w = 0.0146\left(\frac{A_{wb}}{D}\right)^{-0.157} + 0.483\left(\frac{A_{wb}}{D}\right)^{-0.91}；\text{当} 160 < A_{wb}/\lambda \tag{3-46}$$

Wang（2007）提出适合所有边界条件的f_w 计算公式为

$$f_w = 0.407^2\left[\frac{1}{\ln\left(\frac{A_{wb}}{2D}\right)}\right]^2 \tag{3-47}$$

Nielsen（1992）提出f_w 计算公式为

$$f_w = \exp\left[5.5\left(\frac{a_m}{\Delta}\right)^{-0.2} - 6.3\right] \tag{3-48}$$

式中，Δ 为当量糙度，平坦床面 $\Delta = D$，D 为底沙粒径；对于沙纹床面，$\Delta = \eta$，η 为沙纹高度。

Hardisty（1990）总结了现场测量数据认为典型的波浪摩擦系数现场值为 0.1。Soulsby（1997）提出了很多方程来计算波浪摩擦系数，对于波浪边界层强紊流的波浪摩擦系数提出新的计算式为

$$f_w = 0.237 r^{-0.52} \quad (3-49)$$

$$r = \frac{A}{k_s},\ A = u_m \frac{T}{2\pi} \quad (3-50)$$

式中，k_s 为底床波幅。

3.3.3 摩阻流速

波浪摩阻流速是一个很重要的波浪动力运动表达方式，其表达式为：

$$u_* = \sqrt{\frac{\tau}{\rho}} \quad (3-51)$$

式中，τ 为平均底部剪切应力，把式（3-40）代入后得到：

$$u_* = \sqrt{\frac{1}{2} f_w u_m^2} \quad (3-52)$$

利用波浪摩阻流速可以比较波浪和水流动力对泥沙起动的影响。

3.4 碎波区过程

3.4.1 碎波区

简单地说，考虑海床和沙组成的沙滩海岸的例子，沙滩坡度是非常小的，在沙滩或者海岸线的近岸位置，波浪将趋向于破碎。

在开始破碎点和沙滩之间的水域就称碎波区，在这个区域，个体波的波高主要被水深控制，随着波浪前进到沙滩，波高不断衰减，在波浪前沿可以看到特有的泡沫或者破碎形态。这个连续破波的机理是非常复杂的。概括如下：①漩涡和气泡产生；②最重要的变化是引起波动水流的运动原理，产生的动力导致两个方面结果，平行于海岸的动力引起相应的沿岸流；垂直于海岸的动力引起平均水面的水深增加，这个一般称为波浪增水；③能量损失是因为底摩擦和涡流的产生，摩擦损耗主要因为波引起的底床振动和沿岸流的单向运动，这两个运动不完全独立，他们的相互作用对底摩擦有重要影响。

3.4.2　波浪破碎

波浪破碎有两个标准，第一个是波陡限制，第二个是波高与水深的比值限制，理论上，这些限制都源于孤立波理论。

（1）波陡 $H/L<1/7$，这是深水波正常的限制条件

（2）波高和水深的比值，破波指标为：密歇尔从极限波陡出发导出了波高与水深之比为

$$H_b/d_b = 0.89 \tag{3-53}$$

式中，H_b 为破波波高，d_b 为波浪发生破碎时的水深。

H_b/d_b 常用来描述波浪开始破碎的水深指标，以 γ_b 表示。用于工程实践的破波水深指标为麦克考万从孤立波通过水平底确定 $\gamma=\frac{H}{d}=0.78$，实际上，γ 能在 0.4~1.2 之间变动，取决于海滩坡度和破波类型。

Weggel（1972）得到底部坡度 m 与破波指标 γ 的关系：

$$\gamma(m) = b(m) - a(m)\frac{H}{GT^2} \tag{3-54}$$

$$a(m) = 43.8(1 - e^{-19m}) \tag{3-55}$$

$$b(m) = 1.56(1 + e^{-19.5m})^{-1} \tag{3-56}$$

当 $m=0$ 时，

$$\gamma(m = 0) = 0.78 \tag{3-57}$$

合田良实通过试验给出了破波波高和相对水深 d/L，岸坡坡度 $\tan\beta$ 关系，有如下公式：

$$\frac{H_b}{L_0} = A\left\{1 - \exp\left[-1.5\frac{\pi d}{L_0}(1 + 15\tan^{\frac{4}{3}}\beta)\right]\right\} \tag{3-58}$$

式中，β 为海底与水平面夹角，L_0 为深水波长，A 为系数。

波浪在破碎时因入射波陡和海滩的坡度不同有不同的类型，即所谓崩破波（在波陡大岸坡缓时发生）、卷破波（在波陡中等、岸坡坡度中等时发生）、激破波和坍破波（低的波陡及陡的岸坡时发生）。崩破波和未破的波流体运动的差别不大，靠近海底紊动较小。卷破波是对岸滩冲击较大的一种破波。破波类型可由破波参数区分。

崩破波：紊动水体在波浪前峰面溅出，破碎前前峰面的25%变成直立，破碎通常穿越一定的距离。

卷破波：波峰卷曲越过气阱，破碎通常有碰撞，随之有较少量的水体飞溅。

激破波：发生在高于半个波高位置的破碎，最小的气阱通常无飞溅水，有泡沫。

坍破波：波峰破碎，但波浪下底部向前冲刷，伴随着的气泡或无气泡产生的波浪向海滩运动，在海滩面上，波浪返回运动期间可能产生沙纹，水面会保持平面。

破波类型一般用破波参数决定，其表达式为

$$\xi_b = \frac{\tan\beta}{\sqrt{H_b/L_b}} \tag{3-59}$$

式中，$\tan\beta$ 是海岸坡度，对于崩破波：当 ξ_b 小于 0.4 时，近岸地形平缓，水深较浅时，波浪在表面逐渐崩破；对于卷破波：当 ξ_b 为 0.4~2.0 时，地形坡度较陡时，波峰前沿面陡立卷曲为舌状，伴随空气卷入飞溅破碎；对于激破波：当ξ_b大于 2.0 时，坡度很陡，波浪前峰大部分非常杂乱。在天然沙滩上，每个波陡独立前进，大波最先破碎，在碎波区，一般认为低频波占主导，更接近沙滩和冲流区。

3.4.3　沿岸流

当波浪在碎波区破碎时，波能中部分转化为流，包括裂流和沿岸流，这些流是不同于波浪的往复运动。

辐射应力已经成功地用来解释沿岸流。最初的理论是来源于 longuet-higgins 自己的观点和现场调查，Komar 进一步发展了这个理论，Hardisity 概括总结了主要原则和主要方程。

平均波周期沿岸流速 $\overline{V}_1$ 的表述源于下面的考虑。第一，波斜着以角度 α 向海岸运动。碎波区外能量流 p_x 为：

$$p_x = Ec_g\cos\alpha \tag{3-60}$$

第二，辐射应力 S_{XY} 为

$$S_{XY} = S_{XX}\sin\alpha\cos\alpha - S_{YY}\sin\alpha\cos\alpha \tag{3-61}$$

$$= E\left[\frac{1}{2} + \frac{kd}{\sinh(2kd)}\right]\cos\alpha\sin\alpha \tag{3-62}$$

$$= E\left(\frac{c_g}{c}\right)\cos\alpha\sin\alpha \tag{3-63}$$

因此，合并方程得到 S_{XY} 为

$$S_{XY} = P_X\left(\frac{\sin\alpha}{c}\right) \tag{3-64}$$

在碎波区外，S_{XY} 是常数，然而在碎波区内，随着波能流快速消散，波浪单位面积推力 F_Y 为

$$F_Y = \frac{-\partial S_{XY}}{\partial x} \tag{3-65}$$

采用波浪破碎条件，$c_g = c = \sqrt{gd_b}$，$\frac{H_b}{d_b} = \gamma$，$u_m = \frac{\gamma}{2\sqrt{gd_b}}$，则

$$F_Y = \frac{5}{4}\rho u_m^2 \tan\beta \sin\alpha \tag{3-66}$$

最后，假设沿岸方向力量平衡，沿岸流 $\overline{V}_1$ 为

$$\overline{V}_1 = \frac{5}{8}\frac{\pi}{C}u_m \tan\beta \sin\alpha \tag{3-67}$$

式中，C 为摩擦系数，Komar 分析现场数据后得到公式为

$$\overline{V}_1 = 2.7\,u_m \sin\alpha_b \cos\alpha_b \tag{3-68}$$

3.5 波浪增、减水

波浪靠近海岸时，因为浅水变形和波浪破碎导致力不平衡，波动水面时均值相对于静止水面的偏离值就是波浪增减水，可用 $\overline{\eta}$ 表示。在破碎点外波动水面平均值低于静水位，就是减水，$\overline{\eta}$ 为负，在破碎带内波动水面平均值高于静水位，就是增水，$\overline{\eta}$ 为正。

增、减水控制方程为

$$\frac{d}{d_x}S_{XX} = -\rho g(d + \overline{\eta})\frac{d\overline{\eta}}{d_x} \tag{3-69}$$

$$\overline{\eta} = -\frac{1}{8}\frac{kH^2}{\sinh(2kd)} \tag{3-70}$$

在浅水区，式（3-72）可表示为

$$\bar{\eta} = -\frac{1}{16}\frac{kH^2}{d} \qquad (3-71)$$

其最大减水值位于破波点，故最大值仅与破碎波高有关，如果破碎指标取 0.78，则最大减水值为

$$\bar{\eta}_{max} = -\frac{1}{20}H_b \qquad (3-72)$$

波浪增水后，破碎后波高 H 可表示为

$$H = \gamma(d + \bar{\eta}) \qquad (3-73)$$

$$\bar{\eta}_{max} = \frac{1}{4}H_b,\ 当\ \gamma \approx 0.8 \qquad (3-74)$$

式中, H_b 为极限破碎波高, γ 为比例常数, d 为水深。

3.6　特征波

特征波取值一般有两种方法，第一种是波列中选取某一累积频率的波高作为特征波，第二种是部分大波的平均波高作为特征波高。

最大波：波列中波高出现最大的波，H_{max}，其对应的波周期为 $T_{H_{max}}$。

十分之一大波：波列中按波高大小顺序排列，取前面的对应于总数的 1/10 个波的平均波高，其对应的总数的 1/10 个波的平均周期为 $T_{H_{1/10}}$。

三分之一大波：波列中按波高大小顺序排列，取前面的对应于总数的 1/3 个波的平均波高，也称有效波H_s；其对应的总数的 1/3 个波的平均周期为$T_{H_{1/3}}$。

平均波：波列中波高的平均值，$\bar{H}$，其对应的平均周期为为$\bar{T}$。

均方根波高：将波列中所有波高平方求和再平均后开方，H_{rms}。

超值累积频率定义的特征波通常有$H_{1\%}$，$H_{4\%}$，$H_{5\%}$，$H_{13\%}$。数据资料表明，$H_{4\%}$约等于$H_{1/10}$，$H_{13\%}$约等于$H_{1/3}$。

3.7 其他波浪运动理论

有限振幅波最早由 Stokes 提出，他把波动势函数用级数表示，然后在水面处展开，使其满足水面非线性边界条件，得到其二阶及三阶近似解，甚至更高阶无限水深的近似解。

Stokes 的一阶结果和 Airy 的微幅波结果一致，是线性的，二阶波以及二阶以上的则考虑了非线性的影响。有限振幅波波形不是简单的余弦（或正弦）对称曲线，其波峰陡、波谷平坦，这是非线性的影响。

非线性影响的程度取决于波高 H、波长 L 及水深 d 的相互关系，或者说取决于波陡 H/L、相对波高 H/d 及 L/d 3 个特征比值。当这 3 个比值增大时，非线性影响增大。在深水中，影响最大的是 H/L，浅水中为 H/d。

当水深很浅，Stokes 的高阶项变得很大，已不能适用，就必须考虑浅水非线性波的研究。浅水非线性波理论之一为椭圆余弦波，这一理论的各种特性均以雅可比椭圆函数形式给出而命名。椭余波有两个极限情况，即当波长很长时变成孤立波；如振幅较小或相对水深 d/H 较大时变为浅水正弦波。

第4章　海岸泥沙特征

4.1　海岸泥沙特征

海岸沙滩大小和形状千姿百态，每个沙滩都有其特征，但是组成沙滩的泥沙颗粒尺寸范围却很窄，舒适沙滩的泥沙粒径范围更是在有限的范围之内，一般认为泥沙颗粒直径为0.2 mm最为舒适。泥沙中大部分的沙都是由硅沙组成，黄色沙滩是我们最常见的沙滩，分布于中国的整个海岸。但由于特殊的底质环境，硅沙颜色也有许多不同（图4.1），如美国佛罗里达坦帕湾海岸的泥沙大部分都是白沙，很细（图4.2）；冰岛的维克黑沙滩是黑色沙子；意大利撒丁岛的皮希纳斯海滩是一片红色（图4.3）；巴哈马沙滩和西班牙大教堂海滩及菲律宾圣克鲁斯岛都有一片温柔的粉色沙滩；夏威夷群岛中有一块绿色海滩等。

4.2　海岸泥沙粒径

海岸沙滩泥沙是由有很多不同粒径的颗粒组成的混合体，图4.4中为不同泥沙粒径组成的不同颜色的沙，可以看出泥沙粒径和形状有明显的不同。

图 4.1　不同颜色和粒径的沙

图 4.2　美国佛罗里达坦帕湾白色沙滩

根据泥沙粒径对数值频率分布多数符合正态分布的特点，Krumbein（1936）提出了一种变换表示泥沙直径的体系，称“phi 制”，泥沙直径 ϕ 表示为

图4.3　意大利撒丁岛皮希纳斯红色沙滩

图4.4　不同粒径组成的沙

$$\phi = -\log_2 D \tag{4-1}$$

式中，D 为颗粒直径，单位：mm；ϕ 为 phi 制的值。

$$D = 2^{-\phi} \tag{4-2}$$

为了区分泥沙粒径大小的不同，一般是根据沙和砾石尺寸划分。我国《河流泥沙颗粒分析规程》中认为 0.004～0.062 mm 为粉砂，0.062～2 mm 为沙粒，2～16 mm 为砾石。而我国海岸工程中所用的分级标准是 0.003 9～0.062 5 mm 为粉砂，具体划分见表 4.1。在欧洲广泛应用温特沃思分类，美国地球物理学会制订的新分类标准与温特沃思分类基本相同。根据温特沃思粒度表，沙的颗粒范围为 0.062 5～2 mm，精细的划分见表 4.2。

表 4.1　海岸工程中粒度分级标准

名称	粒级划分	ϕ 值	颗粒直径/mm
砾	巨砾	>-8	>256
	粗砾	-8～-6	64～256
	中砾	-6～-2	4～64
	细砾	-2～-1	2～4
沙	极粗沙	-1～0	1～2
	粗沙	0～1	0.5～1
	中沙	1～2	0.25～0.5
	细沙	2～3	0.125～0.25
	极细沙	3～4	0.062 5～0.125
粉砂	粗粉砂	4～5	0.031 2～0.062 5
	中粉砂	5～6	0.015 6～0.031 2
	细粉砂	6～7	0.007 8～0.015 6
	极细粉砂	7～8	0.003 9～0.007 8
黏土	粗黏土	8～9	0.001 95～0.003 90
	中黏土	9～10	0.000 98～0.001 95
	细黏土	10～11	0.000 49～0.000 98
胶体	—	—	—

表 4.2　温特沃思分类

<table>
<tr><th colspan="2">温特沃思
规模尺寸描述</th><th>Phi 单位
/ϕ</th><th>直径
/mm</th><th>美国标准
筛分粒度</th><th colspan="2">统一的石油标准
划分</th></tr>
<tr><td rowspan="2">漂石</td><td></td><td>−8</td><td>256</td><td></td><td colspan="2" rowspan="2">卵石</td></tr>
<tr><td></td><td></td><td>76.2</td><td>3in①</td></tr>
<tr><td>卵石</td><td></td><td>−6</td><td>64</td><td></td><td rowspan="2">粗</td><td rowspan="3">砾石</td></tr>
<tr><td rowspan="5">砾石</td><td></td><td></td><td>19</td><td>3/4in</td></tr>
<tr><td></td><td>−2.25</td><td>4.76</td><td>No. 4</td><td>细</td></tr>
<tr><td></td><td>−2</td><td>4</td><td></td><td rowspan="2">粗</td><td rowspan="9">沙</td></tr>
<tr><td></td><td>−1</td><td></td><td>No. 10</td></tr>
<tr><td rowspan="8">沙</td><td>极粗沙</td><td>0</td><td>1</td><td>2.0</td><td rowspan="3">中沙</td></tr>
<tr><td>粗沙</td><td>1</td><td>0.50</td><td></td></tr>
<tr><td rowspan="2">中沙</td><td>1.25</td><td>0.42</td><td>No. 40</td></tr>
<tr><td>2</td><td>0.25</td><td></td><td rowspan="4">细沙</td></tr>
<tr><td>细沙</td><td>2.32</td><td>0.20</td><td>No. 100</td></tr>
<tr><td rowspan="3">极细沙</td><td>3</td><td>0.125</td><td>No. 140</td></tr>
<tr><td>3.76</td><td>0.074</td><td>No. 200</td></tr>
<tr><td>4</td><td>0.062 5</td><td></td><td colspan="2" rowspan="4">粉砂或者黏土</td></tr>
<tr><td>粉砂</td><td></td><td>8</td><td>0.003 91</td><td></td></tr>
<tr><td>黏土</td><td></td><td>12</td><td>0.000 24</td><td></td></tr>
<tr><td>胶体</td><td></td><td></td><td></td><td></td></tr>
</table>

4.3　海岸泥沙物理量

在研究海岸泥沙输移时，有几个重要的泥沙特征物理量，第一

① in 为我国非法定计量单位，1 in = 25.4 mm。

个是泥沙密度ρ_s，石英沙的典型密度为2 650 kg/m^3，有些重的矿物质，其密度可以达到2 870 kg/m^3。有些沙滩是由混合材料组成，例如有空气和水填充，那么孔隙率p就用来表示水或者空气的体积占整个体积的比例，典型的沙滩孔隙率一般为0.3~0.4，刚沉积的沙孔隙率较大。

第二个重要的物理量是泥沙粒径，多用中值粒径d_{50}表示，即累积频率曲线上纵坐标值取为50%时所对应的粒径值。中值粒径d_{50}可以从泥沙累积分布曲线直接获得。它是粗沙和细沙中间分隔的泥沙尺寸。根据通常的统计学理论，所有尺寸的68%位于平均偏离标准增减之间，d_{84}和d_{16}也是描述泥沙特征尺寸的重要参数。Otto（1939）和Inman（1952）提出了平均粒径的定义为

$$M_{d\phi} = \frac{(\phi 84 + \phi 16)}{2} \tag{4-3}$$

Folk 和 Ward（1957）及 Inman（1952）提出了统计分布的值：

$$M_{d\phi} = \frac{(\phi 84 + \phi 50 + \phi 16)}{3} \tag{4-4}$$

当泥沙分布接近正态时，上述两种定义平均粒径值是相同的。此时，泥沙平均粒径也与中值粒径一致。

一个正态的沙样分布是包含所有不同粒径的沙，但事实是许多沙样粒径分布非常不均匀，为了衡量这种不均匀，引入标准偏差σ_ϕ，定义为

$$\sigma_\phi = \frac{(\phi 84 - \phi 16)}{2} \tag{4-5}$$

正态粒径分布的沙样d_{84}和d_{16}应该相同，$\sigma_\phi = 0$，一般认为σ_ϕ不高于0.5的沙样是一个分布均匀的沙。

图4.5为现场一个沙样的粒配曲线，泥沙粒径涵盖0.05~2.0 mm的沙范围，中值粒径d_{50}为0.4 mm，d_{84}=0.8 mm，同时d_{16}=

0.2 mm，这种泥沙颗粒级配比较均匀。

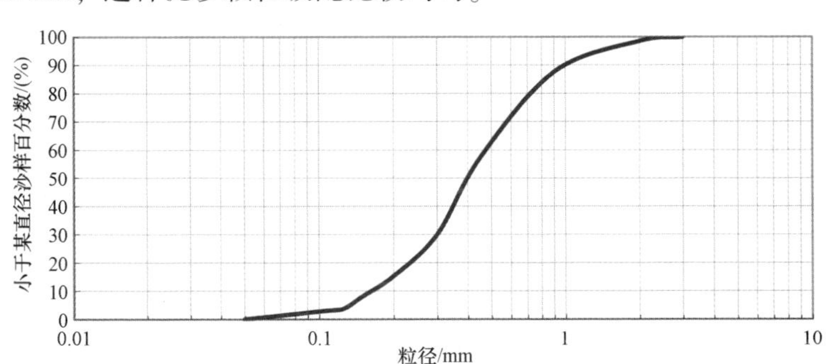

图 4.5　沙样的粒配曲线

工程上泥沙粒径多用筛号来表示，经常用到筛号与筛网孔径之间的对应关系见表 4.3，筛号越大，筛网孔径越小，典型的沙滩筛号在 30~80 目之间。

表 4.3　工程中经常用到筛号与筛网孔径之间的对应关系

筛号	筛网孔径		筛号	筛网孔径	
	mm	in		mm	in
10	2.00	0.078 7	80	0.177	0.007 0
20	0.84	0.033 1	100	0.149	0.005 9
30	0.59	0.023 2	120	0.125	0.004 9
40	0.42	0.016 5	140	0.105	0.004 1
50	0.30	0.011 7	170	0.088	0.003 5
60	0.25	0.009 8	200	0.074	0.002 9
70	0.21	0.008 3	230	0.062	0.002 4

4.4 泥沙形状

泥沙颗粒形状会影响泥沙在海洋中的运动输移状态，一个扁平状的泥沙颗粒和球状泥沙颗粒在水中的沉降速度有明显的区别。泥沙形状也是泥沙经历年代的显示，圆状的泥沙颗粒很可能经历了较长时间波浪动力打磨。

描述泥沙形状的参数一般有两种方法，常见的方法是泥沙颗粒的3个轴尺寸，定义为 a，b，c，如果 $a=b=c$，则泥沙颗粒是球状的，泥沙颗粒形状主要依靠轴大小的比率：如 b/a 和 c/a。另一种表示泥沙颗粒形状的参数为 $C_o=c/ab$，C_o最大的值为1，此时泥沙颗粒是球状；C_o最小值是0。通常情况下 C_o值为0.7左右。

4.5 泥沙沉降速度

根据泥沙颗粒在水中受力分析，其有效重力 W 与阻力 F 关系表示为

$$F=\rho C_D \frac{\pi D^2}{8}\omega^2 \tag{4-6}$$

$$W=(\rho_S-\rho)g\frac{\pi D^3}{6} \tag{4-7}$$

式中，D 为球体直径；C_D 为阻力系数；ρ_S、ρ 分别为沙及水的密度；根据有效重力与阻力平衡关系，可以得到沉速公式：

$$\omega=\sqrt{\frac{4(\rho_S-\rho)gD}{3\rho C_D}} \tag{4-8}$$

Stokes（1851）得到雷诺数（Re）条件下阻力系数：

$$C_D = \frac{24}{Re} \tag{4-9}$$

在此条件下泥沙沉速公式也称为斯托克斯公式，表达式为

$$\omega = \frac{(\rho_S - \rho) g D^2}{18\rho\nu} \tag{4-10}$$

式中，D 为泥沙粒径，ρ 为水的密度，ν 为运动黏滞系数。

Oseen（1910）考虑了惯性项的作用，修正了阻力系数值，其导出的阻力系数值为

$$C_D = \frac{24}{Re}\left(1 + \frac{3Re}{16}\right) \tag{4-11}$$

大雷诺数条件下，但小于100时，Olson（1961）给出了近似值：

$$C_D = \frac{24}{Re}\left(1 + \frac{3Re}{16}\right)^{1/2} \tag{4-12}$$

阻力系数值与雷诺数值的关系比较复杂，球体可以通过 $C_D - Re_D$ 关系查表得到。

4.6　泥沙粒径与岸滩坡度关系

半个世纪前，人们已由大量的现场实测资料总结出砂质岸滩剖面特征坡度与泥沙粒径之间的关系。其后，法国中央水工实验室（LCHF）根据大量现场观测和实验室试验资料，总结出天然条件下泥沙粒径对应的岸滩滩面坡度，其规律如表4.4和图4.6所示。由图表规律可以看出，因天然沙滩多为0.2~0.6 mm 泥沙，一般情况下其天然坡度范围为1/20~1/10。

根据上述天然条件下泥沙粒径与岸滩滩面坡度关系，如果泥沙粒径取0.25 mm，则沙滩坡度约为1/15；如果泥沙粒径取0.3 mm，

则沙滩坡度约为 1/13；如果泥沙粒径取 0.4 mm，则沙滩坡度约为 1/11；如果泥沙粒径取 0.5 mm，则沙滩坡度约为 1/10；如果泥沙粒径取 0.6 mm，则沙滩坡度约为 1/9。可以看出泥沙中值粒径为 0.4~0.6 mm 之间时沙滩坡度变化幅度不大。

表 4.4　天然海滩滩面坡度与泥沙粒径之间关系

	泥沙粒径/mm					
	0.1	0.2	0.4	0.8	1.5	5.0
岸滩平均坡角 β/（°）	1	3	5	7	9	11
岸滩平均坡度 tgβ	1/57	1/19	1/11	1/8	1/6	1/5

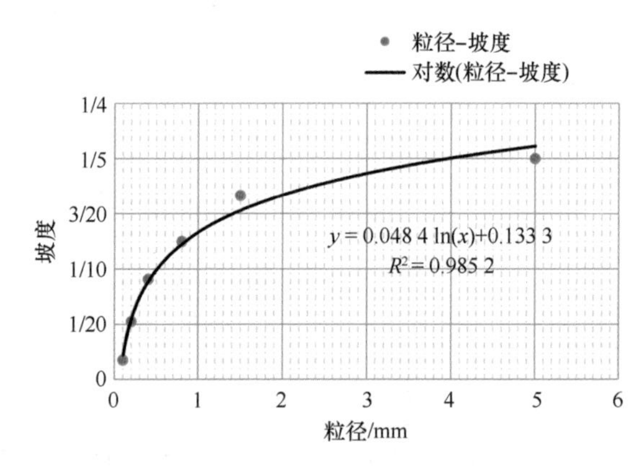

图 4.6　泥沙粒径与岸滩滩面坡度关系

美国陆军工程兵团《海岸工程手册》对沙滩粒径与坡度关系有如表 4.5 关系表述，沙滩剖面为两阶段剖面形式，对于中值粒径为 0.2~0.5 mm 的沙，上斜坡坡度为 1/15~1/10，下斜坡坡度为 1/20~1/15。总体下斜坡比上斜坡平缓。可以认为，美国陆军工程兵团《海岸工程手册》对沙滩粒径与坡度关系中上斜坡坡度与粒径关系符合上述关系。

表 4.5　沙滩粒径与坡度关系

中值粒径/mm	上斜坡坡度	下斜坡坡度
$d_{50} < 0.2$	1/20~1/15	1/35~1/20
$0.2 < d_{50} < 0.5$	1/15~1/10	1/20~1/15
$d_{50} > 0.5$	1/10~1/7.5	1/15~1/10

A. Heitor Reis 研究认为沙滩坡度由滩面上泥沙粒径及波浪条件共同决定，此结果是一种平衡状态的结果。一般波高越大，坡度越陡，泥沙粒径越粗；粒径一定的情况下，波浪越强，平衡坡度越缓；波浪一定的情况下，粒径越粗，平衡坡度越陡；坡度一定的条件下，波浪越强，平衡沙粒越粗。例如在坡度为 1/10 的沙滩上，0.5 m 波高平衡粒径是 0.4 mm，1 m 波高平衡粒径是 0.6 mm 左右。

第 5 章　海岸泥沙起动输移

泥沙输移影响和管控许多对人类重要的位置，在河流、河口和海岸区，泥沙运动能引起严重的侵蚀和堆积。在局部区域和宽广的地理区域，泥沙运动过程时间跨度大，可以是几小时如风暴潮及洪水期间的运动，也可能是几个月几年，如季节性波流运动，还有可能是几个世纪，如气候变化和人类活动影响。

泥沙起动运动及沉积能毁坏和破坏重要的人工设施，因此泥沙输移研究是很重要的。泥沙输移活动是极其复杂的，一旦泥沙起动，就不是简单的水流问题了，水体与泥沙混合，因此泥沙输移研究有很多方面，困难也很多。泥沙输移最早是从河流环境开始研究的，很多泥沙输移理论也都源于河流环境。海岸环境与河流环境还是有很大差异的。泥沙输移运动受水流或者波浪影响，还有可能是波浪和水流共同影响，在波浪和水流作用下泥沙运动也有很大区别。

在近岸浅水区，泥沙运动主要依靠波浪和底床条件。Rodriguez 提出近海区泥沙活动区范围，泥沙活动区定义为海岸线到终点水深，终点水深定义为波浪运动不能作用到底床时的水深。这一范围又被分为两部分，碎波区和离岸区。

5.1　泥沙输移模式

早期的泥沙输移研究根据河流环境一般把泥沙运动模式分为两种：一种是在海床底部翻滚和漂浮；另一种是在运动水流中悬浮。

在海岸环境中，海底泥沙输移需要很大的水流动力环境，波浪运动的动力相对较弱，这与河流差别还是很大的。因此，海岸环境一般考虑的是悬浮状态的细颗粒泥沙。但是对砂质海岸，泥沙输移一般面对的是低流速和大尺寸颗粒。

如果一个完全球形的物体颗粒放到一个光滑的水平面上，只要给它一个很小的水平力，它就很容易翻滚。在侵蚀动力的环境下，当泥沙颗粒不是完全球形的时候，它会躺在凹凸不平的表面。当作用力能克服自然阻止颗粒运动的力才能引起泥沙运动，不是规则的颗粒形状会在颗粒表面产生剪切应力，这意味着一个相应的力被施加于裸露的颗粒表面。许多试验已经确认观测到剪切力从零逐渐增加，达到一个值时，底床上若干小区域能观测到颗粒运动。如果进一步增加一点小的力，足以产生大范围的泥沙运动，称泥沙起动，也称为临界剪切应力。再进一步增加，另外一点的颗粒泥沙开始被卷进水流中，这就是悬移的概念。

在大多数实践中，小紊流边界层也存在于波浪条件下。对于砂质海滩，泥沙既可以推移运动，也可以悬移运动，或者两者都有。这取决于海岸波浪作用下床面摩阻流速 u_* 与泥沙颗粒沉速 ω 的比值：

$$\begin{cases} \dfrac{u_*}{\omega} \leqslant 1.0 & \text{推移质为主} \\ 1.0 < \dfrac{u_*}{\omega} < 1.7 & \text{过渡状态} \\ \dfrac{u_*}{\omega} \geqslant 1.7 & \text{悬移质为主} \end{cases} \tag{5-1}$$

由于波浪水质点是往复的振荡流，在其作用下，泥沙仅做往复摆动运动，仅有很小的净位移发生。要使泥沙发生明显的位移，须有波浪破碎后的近岸环流体系来搬运。

5.2 底床剪切应力估计

总的底床剪切应力主要由 3 部分组成，包括：①表面摩擦或者颗粒相关的摩擦；②形状阻力，如波纹和沙丘层；③泥沙输移，源于动力转移到移动的颗粒上。

因此，总的剪切应力如下：

$$\tau_0 = \tau_{0s} + \tau_{0f} + \tau_{0t} \tag{5-2}$$

表面摩擦底床剪切应力直接作用在颗粒上，因此当计算起动流速，推移质输移时这个参数必须要用。然而，总的剪切应力这个参数受限于涡流强度，进一步地，底部剪切应力依赖于水流是否是稳定流、波浪或者波流共同作用。

剪切应力一般方程中，底部剪切应力与深度平均流速 $\bar{u}$ 有关，如下：

$$\tau_0 = \rho C_D \bar{u}^2 \tag{5-3}$$

此方程能用在所有水流、总的剪切应力或者表面摩擦剪切应力。另外一个参数是摩擦或剪切流速 u_*：

$$u_* = \sqrt{\frac{\tau_0}{\rho}} \tag{5-4}$$

5.3　近岸波浪泥沙运动理论

我们假设近岸泥沙仅在波浪动力作用下，即对泥沙运动的影响主要是波浪振动对泥沙起动的影响。从波浪运动理论可以发现，泥沙运动受到波浪的水平轨迹速度和垂直轨迹速度的双重影响，特别是垂直轨迹速度，是区别波浪运动与水流运动的关键。垂直轨迹速度既参与底沙起动，也促进上下悬浮泥沙之间的掺混，是波浪掀沙的主要动力；水平轨迹速度让泥沙仅在有限的范围内前、后晃动，参与泥沙的起动。由于波浪传播速度受水深变化影响很大，根据水深的不同，其轨迹速度分为 3 种状况，分别为深水区、有限水深区和浅水区。波浪运动对底部泥沙影响过程如图 5.1 所示。

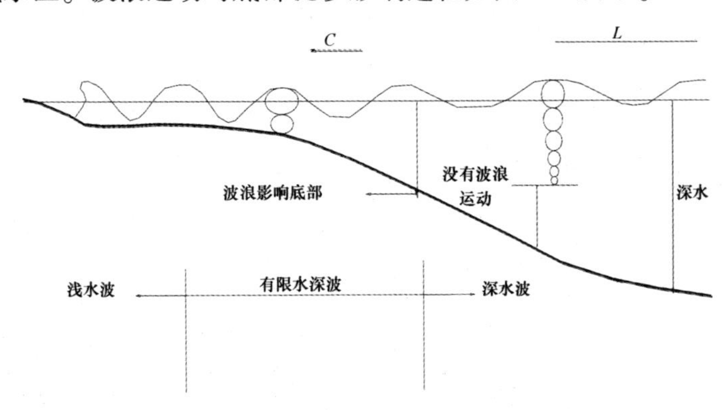

图 5.1　波浪运动对不同水深底部影响

进入到浅水区后，当波浪运动破碎时，形成碎波区泥沙运动，这是个紊流条件下复杂的泥沙运动过程。波浪破碎后形成新的近岸流体系，包括沿岸流、冲流等，这些水流又挟带泥沙运动。

5.3.1 深水泥沙运动动力

在深水条件下，$d/L > 0.5$ 时，如果水深 d 无限大，根据双曲函数特性，$\tanh(kd)|_{kd\to\infty} \approx 1.0$。

即波浪运动水平速度和垂直速度最大值相等，$u_m = \omega_m = \frac{\pi H}{T} e^{kz}$，其质点运动轨迹是圆形，随着水深不断增大，质点水平速度和垂直速度最大值不断变小，圆形轨迹越来越小，水深继续加大时，振动对底部就没有影响了，底床泥沙也不会受到波浪振动影响。

因为波浪水质点运动的振荡性，如果以波浪水平质点速度最大值考虑，因为最大值作用时间短，将会有泥沙很容易起动的错觉。实际上，深水区波浪振荡是前后对称的，向前、向后的泥沙运动是近似相等的，不会产生净输沙运动。当水深变浅，向前、向后的振荡逐渐不对称，才会产生净输沙。

根据深水条件的临界水深 $d/L = 0.5$，$u_m = \omega_m = \frac{\pi H}{T} e^{-\pi}$，则不同波高及周期条件下水平速度计算如表 5.1 所示，受波浪周期决定的底部最大水平质点速度变化不是很大，其量值也非常小，很难达到底部泥沙的起动条件。

表 5.1 不同波高及周期条件下波浪水平质点速度计算

波高 H/m	周期 T/s	波长 L_0/m	质点速度 u_m / (m/s)	临界水深 h_0/m
0.5	3	14.0	0.024	7.0
0.5	4	25.0	0.024	12.5
1	4	25.0	0.034	12.5
1	6	56.2	0.034	28.1

续表

波高 H/m	周期 T/s	波长 L_0/m	质点速度 u_m / (m/s)	临界水深 h_0/m
2	6	56.2	0.048	28.1
2	8	99.9	0.048	49.9
3	7	76.5	0.059	38.3
3	9	126.4	0.059	63.2

5.3.2　有限水深泥沙运动动力

在有限水深条件下，$\frac{u}{\omega}=\frac{1}{\tanh[k(Z+d)]}>1$，水平速度分量大于垂直速度，波浪运动轨迹是椭圆形，随着水深不断增大，椭圆长、短轴越来越小，在底床附近，水平速度和垂直速度均不为 0，保有一定的值，且水平速度会大于垂直速度，水深越浅，水平速度越大，垂直速度越小。此时的波浪振动对底部泥沙有一定影响，底部泥沙是否运动取决于振动速度是否满足底部泥沙起动条件。

由于有限水深波浪传播过程中，波浪逐渐变形，波高增大，水质点速度的前后不对称性也逐渐增强，起动后泥沙运动存在净输移。

5.3.3　浅水泥沙运动动力

近岸泥沙运动最活跃区域就是浅水区条件，浅水区也是波浪动力占主导作用的，其对泥沙运动的影响很大。根据浅水区水深限制条件 $d/L\leqslant 0.04$，$\frac{u}{\omega}=\frac{1}{k(d+z)}=\frac{L}{2\pi(d+z)}\geqslant\frac{20d}{2\pi(d+z)}$，同样，$\frac{u}{\omega}\geqslant\frac{10}{\pi}$，水平速度分量比垂直速度分量大得多，水深越浅，水平速度越大，垂直速度越小，波浪运动轨迹是椭圆形。波浪振动对底部泥沙运动比有限水深条件下影响更大，这个区域泥沙更容易起动，发生泥沙净输移也更频繁。

根据浅水区波浪特征及波浪参数变化简化后可以得到的水平质点最大轨迹速度为

$$u_m = \frac{\pi H}{Tkd} = \frac{\pi HL}{2\pi Td} = \frac{HT\sqrt{gd}}{2Td} = \frac{H}{2}\sqrt{\frac{g}{d}} \tag{5-6}$$

相应的垂直质点最大轨迹速度为

$$\omega_m = \frac{\pi H}{T}(1 + \frac{z}{d}) \tag{5-7}$$

即浅水区水平质点最大轨迹速度仅与波高和水深有关，垂直质点最大轨迹速度与波高、周期及水深有关。

5.4 近岸碎波区泥沙运动动力

波浪碎波区是浅水区与上爬区之间的水域。如果考虑浅水区波浪破碎的极限条件，则此时水平质点最大轨迹速度为

$$u_m = \frac{H}{2}\sqrt{\frac{g}{d}} = \frac{H}{2}\sqrt{\frac{g}{H/0.78}} = 1.38\sqrt{H} \tag{5-8}$$

对应的垂直质点最大轨迹速度为

$$\omega_m = \frac{\pi H}{T}\left(1 + \frac{z}{d}\right) = \frac{2\pi H}{T} \tag{5-9}$$

表 5.2 为典型的近岸浅水区极限波高条件下水平质点最大轨迹速度值，从表中数据可以看出随着极限波高增大，水平最大轨迹速度也变大；在相同的周期条件下，垂直最大轨迹速度也变大。如果比较同是波高 1 m，周期 6 s 的条件，浅水区极限条件下水平质点最大轨迹速度是深水区 40 倍左右，垂直质点最大轨迹速度也达到

深水区31倍左右，碎波区轨迹速度比深水区大很多，泥沙活动更激烈，更容易起动悬浮。

表5.2 近岸浅水区极限波高条件下水平质点最大轨迹速度值

轨迹速度	极限波高值/m									
/（m/s）	0.09	0.16	0.25	0.36	0.49	0.64	0.81	1	2	4
u_m	0.41	0.55	0.69	0.83	0.97	1.10	1.24	1.38	2.76	5.52
ω_m	0.28/T	0.50/T	0.79/T	1.13/T	1.54/T	2.01/T	2.54/T	3.14/T	6.28/T	12.56/T

5.5 近岸上爬区泥沙运动理论

上爬区是波浪破碎后水体上爬和回落的区域，这一区域是碎波区的延伸，与碎波区密切融合。波浪破碎以后，波能转化为动能，水体获得较大的流速，带动泥沙向岸上爬，回落区是上爬水流到顶后回落入海的区域。挟沙水体上爬距离与波浪破碎后上爬速度、方向、岸滩坡度、滩面沙粒组成等有关。

假定波浪破碎前单位总波能 E_w 应该与破碎后单位水体动能 E_k 相等，即

$$E_w = E_k \tag{5-10}$$

$$\frac{1}{8}\rho H_b^2 = \frac{1}{2}m V^2 \tag{5-11}$$

$$\frac{1}{8}\rho H_b^2 = \frac{1}{2}\rho 4 \frac{H_b}{2} V^2 \tag{5-12}$$

$$V = \frac{\sqrt{2}}{4}\sqrt{gH_b} \tag{5-13}$$

式中，ρ 为水的密度，kg/m^3；g 为重力加速度；H 为波浪平均波高，m；V 为波动水体速度，m/s。波浪破碎后初始速度为 V_1，水体以这

个速度冲上海滩，假设沙滩坡度是 $\tan\theta$，θ 是倾角，初始速度 V_1 方向垂直岸线，则此时当破碎水体上爬时，其运动速度 V_1、所需时间 t_1 及运动距离 S_1 为

$$V_1 = (g\sin\theta + fg\cos\theta)t_1 \tag{5-14}$$

$$t_1 = \frac{V_1}{g\sin\theta + fg\cos\theta} \tag{5-15}$$

$$S_1 = \frac{1}{2}(g\sin\theta + fg\cos\theta)\ t_1^2 \tag{5-16}$$

当上爬水体到达顶部后，流速为 0，水体开始往回流，流向海里，此时其回流距离 S_2 为

$$S_2 = \frac{1}{2}(g\sin\theta - fg\cos\theta)\ t_2^2 \tag{5-17}$$

当 $S_1 = S_2$ 时，得到回流时间：

$$t_2 = t_1\sqrt{\frac{g\sin\theta + fg\cos\theta}{g\sin\theta - fg\cos\theta}} \tag{5-18}$$

当$t_1+t_2=T$，上爬时的水体又回到破碎时的出发点，这一过程是水流挟带泥沙在滩面上流动的过程，理想状态下挟沙水体与滩面没有泥沙交换，挟沙水体挟带的泥沙又返回到水中，与下一个破碎波相遇。被掀起的泥沙又回到出发点，滩面表现为平衡；

而当 $t_1 + t_2 > T$ 时，挟沙水体过了上次破碎点，向深水流去，在此情况下，上一次破波挟带的泥沙就被带到深水去了，滩面表现为冲刷；

而当 $t_1 + t_2 < T$ 时，挟沙水体还没到上次破碎点，下一个破碎波已经到来，继续掀起泥沙往滩面上流去，泥沙被不断掀起往岸边流去，滩面表现为淤积。

根据平衡时$t_1+t_2=T$，可以得

$$T=\frac{\frac{\sqrt{2}}{4}\sqrt{gH_b}}{g\sin\theta+fg\cos\theta}+\frac{\frac{\sqrt{2}}{4}\sqrt{gH_b}}{g\sin\theta+fg\cos\theta}\sqrt{\frac{g\sin\theta+fg\cos\theta}{g\sin\theta-fg\cos\theta}} \tag{5-19}$$

式（5-19）可简化为

$$T=\frac{1}{\sqrt{g}\cos\theta}\frac{\frac{\sqrt{2}}{4}\sqrt{gH}}{\tan\theta+f}\left(1+\sqrt{\frac{\tan\theta+f}{\tan\theta-f}}\right) \tag{5-20}$$

式中，f为水流运动黏滞系数，波浪破碎以后在沙滩剖面上运动，其水流厚度很薄，水流运动黏滞系数很小，在温度为0～20℃时，其值为$0.01\times10^{-4}\sim0.02\times10^{-4}\ \mathrm{m^2/s}$。$T$为波浪周期。近岸沙滩剖面坡度一般较陡，如果$\frac{1}{100}<\tan\theta<\frac{1}{5}$，$\tan\theta$也远大于$f$，$f$可以忽略不计，$\cos\theta$也大于0.98，可以近似取1，则上述公式（5-20）可近似为

$$T=\frac{\frac{\sqrt{2}}{2}\sqrt{H}}{\sqrt{g}\tan\theta} \tag{5-21}$$

式（5-21）变换为沙滩坡度表示：

$$\tan\theta=0.23\sqrt{H_b}/T \tag{5-22}$$

实际上当破碎挟沙水体上爬时，由于滩面沙质的渗透作用，潮水迅速渗透至沙中，水体中部分悬浮泥沙也迅速归集到滩面，但水渗透率与泥沙粒径有关，越粗的泥沙越容易渗透。

5.6 近岸流泥沙运动

当波浪垂直海岸破碎上爬时，泥沙运动仅有横向运动（向-离岸运动）；当波浪与海岸以一定角度破碎上爬时，由于破碎后水体是沿波浪前进方向破碎的，破碎后水体水流冲向岸边，此时泥沙运动既有横向运动（向岸-离岸运动），也有纵向运动（沿岸运动），而纵向运动是不可逆的，斜向破碎波水流在上爬区到达极限时，不会回头，水流会顺着斜波方向向海流去，这就会产生沿岸输沙。

波浪破碎时，波浪角度是决定泥沙运动方向最重要的因素，也决定了沿岸输沙率。沿岸输沙计算时，一般假设岸线近似是直的，与等深线平行，这种假设在不太长的岸线长度和岸线渐进变化的海岸线是非常有效的。当破碎波靠近海岸线的时候，会产生两个不同的泥沙输运过程：一是破碎波产生紊流引起底部泥沙悬浮；二是破碎波引起的近岸流挟带悬浮泥沙输移，第二过程更可以细分为两个，在海岸线与破碎波之间，破碎水体挟带悬浮泥沙冲向沙滩，然后回落，这一过程称冲流输沙；另一个为破碎波后平行于海岸线的沿岸流部分产生沿岸输沙，特别是当波浪以一个角度靠近海岸的时候，沿岸输沙量很大。

沿岸泥沙输移与波浪产生的波能流有关，波能流表示为

$$\bar{p} = nCE_b \tag{5-23}$$

单位长度平均波能流为

$$\bar{p} = \frac{nC\,E_b}{b/\cos a} = nCE\cos a \tag{5-24}$$

波能流沿岸分量为

$$P_l = nCE\cos a\sin a = \frac{1}{2}nCE\sin 2a \tag{5-25}$$

5.7 波浪泥沙起动希尔兹曲线

对于深水条件，由于波浪波动影响不到底床，所以底部泥沙不存在起动问题。对于有限水深及浅水条件，由于受到波浪波动水平和垂直轨迹速度的影响，底床泥沙会有不同程度的起动。

在波浪作用下，泥沙的起动是泥沙输移的第一步，基于稳定流试验数据，1936 年 Shields 给出了希尔兹参数 θ 。

作用在底床上的泥沙颗粒驱动力 F 表示为

$$F = \tau_0 D^2 \tag{5-26}$$

同时，因为重力作用，沙粒的有效重力 W 表示为

$$W = (\rho_S - \rho) g D^3 \tag{5-27}$$

希尔兹参数 θ 则为

$$\theta = \frac{F}{W} = \frac{\tau_0}{(\rho_S - \rho) gD} \tag{5-28}$$

式中，τ_0 为剪切力，N/m^2；ρ_S 为泥沙密度，kg/m^3；ρ 为水的密度，kg/m^3；g 为重力加速度，m/s^2；D 为泥沙中值粒径，m。

底床水流的特征决定了希尔兹参数 θ，作用在单个泥沙颗粒上的驱动力是无量纲边界佛罗德数：

$$Re_* = \frac{\mu_* D}{\nu} \tag{5-29}$$

物理方法研究说明临界希尔兹参数 θ_c 是佛罗德数的函数，临界希尔兹参数就是泥沙开始运动时的参数：

$$\theta_c = \frac{\tau_c}{(\rho_S - \rho) gD} = f(Re_*) \tag{5-30}$$

随后，许多学者（Valembois 1960；Madsen and Grant，1976；van Rujn，1984；Soulsby，1977）进一步提出了希尔兹参数与无因

次颗粒尺寸 d_{50} 的关系。

$$u_{*c}=\sqrt{(s-1)gD}\sqrt{\theta_c} \tag{5-31}$$

$$S_*=\frac{D}{4\nu}\sqrt{(s-1)gD} \tag{5-32}$$

瑞典隆德大学 Hans Hanson 分析了试验数据，并对方程进行了完善，其方程为

$$\theta_{w,cr}=0.08\left[1-\exp\left(-\frac{15}{d_*}-0.02d_*\right)\right] \tag{5-33}$$

$$U_{w,cr}=4\sqrt{\phi_{cr}}\left[1.1\lg\left(\frac{\sqrt{T\phi_{cr}}}{\pi d_{50}}\right)-0.08\right]^{1/0.9} \tag{5-34}$$

$$\phi_{cr}=2\theta_{w,cr}(s-1)gd_{50} \tag{5-35}$$

$$d_*=\left[\frac{g(s-1)}{v^2}\right]^{1/3}d_{50} \tag{5-36}$$

$$s=\frac{\rho_s}{\rho} \tag{5-37}$$

$$H_{cr}=\frac{TU_{w,cr}}{\pi}\sinh\left(\frac{2\pi d}{L}\right) \tag{5-38}$$

5.8 波浪作用泥沙起动研究

对于波浪作用下的泥沙起动，窦国仁根据河流泥沙起动公式，对波浪作用下泥沙起动进行了新的分析，考虑颗粒间的黏结力和波浪惯性力，利用波浪波动水平轨迹速度得到波浪起动的公式；刘家驹对波浪作用下的泥沙运动进行过总结，并指出在波浪作用下的泥沙响应规律研究不宜简单套用明渠水流中的泥沙响应流速概念。同时考虑渗透上举力和颗粒间黏结力，得到波浪作用下泥沙响应公式。上述研究多在水流作用下泥沙响应研究的基础上研究波浪作用

下泥沙响应问题，且以粗颗粒泥沙研究为主，考虑了颗粒黏结力的影响。

当沙层厚度 $P \geqslant L$ 时，$\tanh(kP) \to 1$，故有

$$H_* = \frac{D\sinh(kd_*)}{A_1}\left[\sqrt{\tanh^2(kP) + 2A_1 \frac{L}{\pi}\frac{\coth(kd)}{gD^2}\left(\frac{\rho_s - \rho}{\rho}gD + A_2\frac{\varepsilon_k}{D}\right)} - 1\right] \tag{5-39}$$

当沙层厚度 $P < L$ 时，$\tanh(kP) \to 0$，故有

$$H_* = M_* \sqrt{\frac{L_*}{\pi}\frac{\sinh(2kd_*)}{g}\left(\frac{\rho_s - \rho}{\rho}gD + A_2\frac{\varepsilon_k}{D}\right)} \tag{5-40}$$

上式还可用泥沙的起动水深表示，即

$$d_* = \frac{L_*}{4\pi}\mathrm{arcsinh}\left[\frac{\pi g H_*^2}{M_*^2 L_*\left(\frac{\rho_s - \rho}{\rho}gD + A_2\frac{\varepsilon_k}{D}\right)}\right] \tag{5-41}$$

借用波浪在底床上的最大流速得

$$U_{xm(-d)} = \frac{\pi H}{T\sinh(kd)} \tag{5-42}$$

当由上述各式求出起动波高 H_* 及其相应的水深 d_* 和波长 L_* 后，即可计算求得起动流速。以上各式中，$M = \frac{1}{A_1^{1/2}}$，带有脚注 * 的各物理量，表示泥沙起动时的对应值。注意，因为常数 $\varepsilon_k = 2.56\ \mathrm{cm^3/s^2}$，故以上各式中的水深 d、波高 H、波长 L、周期 T、粒径 D 以及重力加速度 g 等各物理量的长度单位均为 cm，时间单位均为 s。在实际海域中，泥沙的可渗透层厚度与波长相比总是很小的。

第 6 章　海域含沙量特征

6.1　近海动力与含沙量特点

我国沿海海域泥沙大部分来源于黄河、长江等大江大河的输送，进入海域后在潮流波浪作用下进行再次输送分配。含沙量分布也体现了海域动力因素的作用。作为海洋中两种主要的水动力，潮流和波浪动力是影响泥沙含量的主要动力。由于水深的关系，两种动力对海域泥沙含沙量运动的影响也是不一样的。

在深水的地方，由于波浪运动仅在表层活动，泥沙主要由潮流动力决定；在近岸区，随着水深逐渐变浅，波浪动力对海域底质泥沙的影响逐渐变大，泥沙含沙量的影响也逐渐变大，同时受水深影响，潮流动力的不断减弱，对泥沙运动的动力也不断减弱，潮流动力逐渐让位于波浪。因此，随着水深变浅，潮流和波浪对泥沙作用显彼消此长的关系。

对于含沙量与波浪及潮流动力关系，中国海洋大学边昌伟（2013）对我国东部海域整个含沙量在动力作用下的分布进行了模拟，从结果看，波浪作用下底部剪切力主要产生于近岸区，深水区非常小，近似于对底部泥沙没有影响；深水区潮流剪切力也明显强于波浪剪切力，是底部泥沙运动的主要动力。不管是夏季，还是冬季，近岸含沙量都明显大于深水区域，长江河口含沙量最大。

6.2　近海动力与含沙量关系

6.2.1　挟沙力含沙量

近海水域水动力主要有潮流和波浪，悬浮含沙量与海域潮流和波浪动力密切相关，同时，我们也注意到海域实际含沙量受多种因素影响，在不考虑泥沙来源及特定情况下的含沙量，是指海底泥沙在波浪和潮流作用下不断掀扬于水体中的同时，又在重力作用下不断向下沉降，当水体中的悬浮泥沙达到与悬浮力平衡时，即构成所谓挟沙力含沙量。

南京水利科学研究院刘家驹较早提出了海域动力与含沙量之间的关系，这个公式是基于黏性泥沙资料得到的，该挟沙力含沙量函数关系为

$$S_* = \alpha \frac{\gamma_s \gamma}{\gamma_s - \gamma}\left[\frac{(|V_1| + |V_2|)}{\sqrt{gd}}\right]^n \tag{6-1}$$

式中，V_1 为潮流时空平均流速，m/s；V_2 为根据波浪要素计算的平均波动流速，m/s；d 为海域测点水深，m；r_s 为泥沙颗粒密度，kg/m^3。式中的 $\frac{|V_1| + |V_2|}{\sqrt{gd}}$ 具有重力流的弗劳德数性质。它代表波浪、潮流作用下重力和惯性力的比值。根据现场观测资料，得到 $n=2$，$\alpha=0.045$。根据海岸泥沙运动相关资料，得到黏性泥沙和非黏性泥沙的统一挟沙力含沙量公式为

$$S_* = 0.045 \frac{\gamma_s \gamma}{\gamma_s - \gamma}\left[\frac{(|V_1| + |V_2|)}{\sqrt{gd}}\right]^2 F^{\frac{1}{F}} \tag{6-2}$$

式中，F 称为泥沙因子，它的构成形式为

$$F = \frac{D_0}{D_K + \frac{a}{D_K}} \tag{6-3}$$

式中，D_0 为特定粒径，$D_0 = 0.11$ mm；a 为特定面积，$a = 0.0024\ \text{mm}^2$；D_K 为大于等于 0.03 mm 的泥沙粒径。

在砂质海岸近岸区，刘家驹提出的破波带含沙量 S_b 概念，其假设潮流流速可以忽略，故 $V_1 = 0$；而波浪的平均振动速度 V_2 则需由破波产生的水流流速代替。破波流速为

$$V_2 = V_b = \frac{1}{2}\left(\frac{gH_b^2}{d_b}\right)^{\frac{1}{2}} \tag{6-4}$$

因此，破波的平均含沙量可以由式（6-5）表示

$$S_b' = 6.825 \times 10^{-3}\gamma_s\left(\frac{H_b}{d_b}\right)^2 F^{\frac{1}{F}} \tag{6-5}$$

至于破波带内的平均含沙量，则可用 $S_b = \varphi S'_b$ 近似代表，即

$$S_b = \phi S'_b = 6.825 \times 10^{-3}\phi\gamma_s\left(\frac{H_b}{d_b}\right)^2 F^{\frac{1}{F}} \tag{6-6}$$

经过对毛里塔尼亚海岸输沙率计算，ϕ 可取 0.8。

南京水利科学研究院窦国仁（1995）也提出的潮流和波浪的挟沙力含沙量公式。该公式适用于黏性泥沙和非黏性泥沙。公式如下：

$$S_* = \alpha\frac{rr_s}{r_s - r}\left(\frac{V^3}{c^2h\omega} + \beta\frac{H^2}{Th\omega}\right) \tag{6-7}$$

对没有波浪只有水流时，有

$$S_{*F} = \alpha\frac{rr_s}{r_s - r}\frac{V^3}{C^2h\omega} \tag{6-8}$$

对没有水流只有波浪时，有

$$S_{*w} = \alpha\beta \frac{\gamma \gamma_s}{\gamma_s - \gamma} \frac{H^2}{hT\omega} \tag{6-9}$$

式中，V 为水流全潮平均流速，m/s；C 为谢才系数；h 为水深，m；H 为平均波高，m；T 为平均波周期，s；ω 为泥沙沉速，m/s；α、β 为系数，分别为 $\alpha = 0.023$，$\beta = 0.0004$；γ 和 γ_s 分别为水容重和泥沙颗粒容重，kg/m^3。

乐培九（1998）也得到了挟沙力含沙量公式：

$$S = \frac{\gamma_s \gamma}{\gamma_s - \gamma} \left[k_a f \frac{v}{gH\omega} + k_w \frac{H_w^2}{h\omega T} \frac{1}{sinh\left(\frac{4\pi h}{l}\right)} \right] \tag{6-10}$$

式中，$k_a = 0.0029$，$k_w = 6.2 \times 10^{-5}$。

在破波条件下：

$$s = k_b \frac{\gamma_s \gamma}{\gamma_s - \gamma} \frac{H_b^2}{h_b \omega T} \tag{6-11}$$

此时，$k_b = 1.20 \times 10^{-3}$。

6.2.2　临底含沙量

在垂向分布上，悬移质含沙量一般特征是上大下小，具体分布特征有指数型、线性、抛物线型及混合型。破碎前水体本身的含沙量垂线分布与泥沙粒径特征密切相关，特别是在粗沙床面，垂线分布分层更是明显，图 6.1 是波浪破碎前水体浑浊度照片，破碎水体上部大部分很清澈，仅在底部有略微移动的高强度含沙水体。这个含沙量有时称波浪临底含沙量，这个值可以非常大。通常认为指数函数型分布适合破碎前水体垂线分布。含沙量指数函数关系如下：

$$S = S_0 e^{-\frac{\omega}{\varepsilon_s}(z-z_a)} \tag{6-12}$$

式中，ε_s 为泥沙扩散系数；为泥沙沉速，m/s；S_0 为 $z = z_a$ 靠近水底

处的含沙量，可认为是临底含沙量，其值可利用无因次推移质输沙率 q_b 确定：

$$S_0 = \frac{q_b}{a u_b} \tag{6-13}$$

$$q_b = \phi w D \rho \tag{6-14}$$

式中，a 为推移质厚度（如 $a=0.01h$，h 为水深）；u_b 为推移质速度。

图 6.1　波浪破碎前水体浑浊度照片

泥沙扩散系数 ε_s 根据 Skafel 和 Krishnappan（1984）的研究，可以表示如下：

$$\varepsilon_s = \beta a_m u_{\omega *} \tag{6-15}$$

式中，a_m 和 $u_{\omega *}$ 分别为水底处波浪水质点位移和波浪摩阻流速，β 为常数，按式（6-16）计算：

$$\beta = 8.7 \left(\frac{u_{\omega *} D}{v} \right)^{-2.2} \tag{6-16}$$

Nielsen（1992）提出波浪作用下近底层含沙量公式：

$$S_0 = 0.005\rho_s(\theta' - \theta_{cr})^3 \quad (6-17)$$

无量纲波浪摩擦参数：

$$\theta' = \frac{0.5\rho f'_w u_w^2}{(\rho_s - \rho)g d_{50}[1 - \pi(\lambda/\eta)]^2} \quad (6-18)$$

$$f'_w = \exp\left[5.213\left(\frac{2.5 d_{50}}{A_w}\right)^{0.194} - 5.977\right] \quad (6-19)$$

$$A_w = \frac{TU_w}{2\pi} \quad (6-20)$$

式中，λ 和 η 为沙纹的波长和高度；ρ 和 ρ_s 分别为水密度和泥沙颗粒密度，kg/m^3。

Lee 等（2004）研究提出了近底层含沙量公式为

$$S_0 = 2.58\rho_s\left(\theta'\frac{u_*}{w_s}\right)^{1.45} \quad (6-20)$$

式中，$\frac{u_*}{w_s}$ 是最大摩阻速度与泥沙沉降速度的比率。

1971 年，Bhattacharya 利用试验数据分析了一个周期过程中，波浪作用的含沙浓度变化，研究显示含沙浓度在 $T/4$ 和 $3T/4$ 周期时含沙浓度最大，在 $T/2$ 和 T 周期时含沙浓度最小，此时对应波浪波谷和波峰附近。考虑波浪剪切应力，含沙浓度最小时刻对应的是水平质点轨迹速度最大的时刻，含沙浓度最大时刻对应的是垂直质点轨迹速度最大的时刻。可以说明边界层内水平质点轨迹速度起起动作用，垂直质点轨迹速度起上下掺混作用，这还需要进一步研究。

6.3 上爬区含沙量特点

前述含沙量都是根据潮流、波浪动力条件得到的，波浪一般计算到碎波区。对于上爬区的含沙量目前无法用挟沙力公式得到。

图 6.2 为海边波浪破碎及上爬区浑水照片，碎波区与上爬区有明显的区别，根据现场取样实测分析，当碎波区含沙量为 1.45 kg/m^3时，上爬区含沙量可以达到 100 kg/m^3。碎波区含沙量与用上述挟沙力含沙量计算值基本在一个量级。

图 6.2 海边波浪破碎及上爬区浑水照片

上爬区水体含沙量主要来源于两方面，一是破碎水体本身的含沙量，这个含沙量与波浪临底含沙量比较接近；二是破碎后瞬间水流作用下起动的滩面泥沙，使滩面水体含沙量很大。同时上爬区滩面处于正常水面以上，因沙具有极好的渗透性，颗粒越大，渗透性越强，短短几秒就可以渗透完水。正是极强的渗透性导致上爬区水体越来越少，而水体中泥沙还在，含沙量自然是急剧变大。

6.4　海州湾海域近岸动力与挟沙力含沙量特点案例

6.4.1　海州湾海域近岸动力特点

海州湾海域位于连云港北部海域，该湾水下滩坡十分平缓，平均滩坡为1/1 500左右，海岸地貌形态南北不尽相同，兴庄河口—秦山岛为界以北海滩为砂质、粉砂质海岸，以南为淤泥质海岸；连岛海岛外海为基岩海岸，局部为砂质海滩，水下坡度较陡（图6.3）。波浪掀沙和潮流输沙是本区域泥沙运动的主要特点。

连云港海域夏季盛行相对较弱离岸向（NE向）的风浪；冬季盛行较强的向岸偏N向风浪。该海域的常浪向为NE向，频率占26.4%；NNE和E向为次常浪向，所占频率分别为16.1%和18.4%。累年各向平均波高以偏北向为最大，累年$H_{1/10}$最大波高为5 m，NNE向。连云港海域波能主要集中在NNE—NE向波浪，即当地强浪向和常浪向基本一致。

连云港海州湾海域常浪向NE向外海波浪传播到近岸年平均波高分布等值线（图6.4），因海域地形平缓，水深不断变小，波能沿程不断消耗，平均波高从外海到近岸不断变小，到近岸变化梯度很大，其平均波高值从0.6 m渐变到近岸0.3 m左右，显示波浪对地形浅水变形的阶段；然后从0.3 m左右急变到岸边0.1 m，这是波浪破碎前后的波高值。连岛外海近岸平均波高值在0.55 m左右，波浪较强。总体上平均波高分布等值线与地形等值线分布趋势一致。

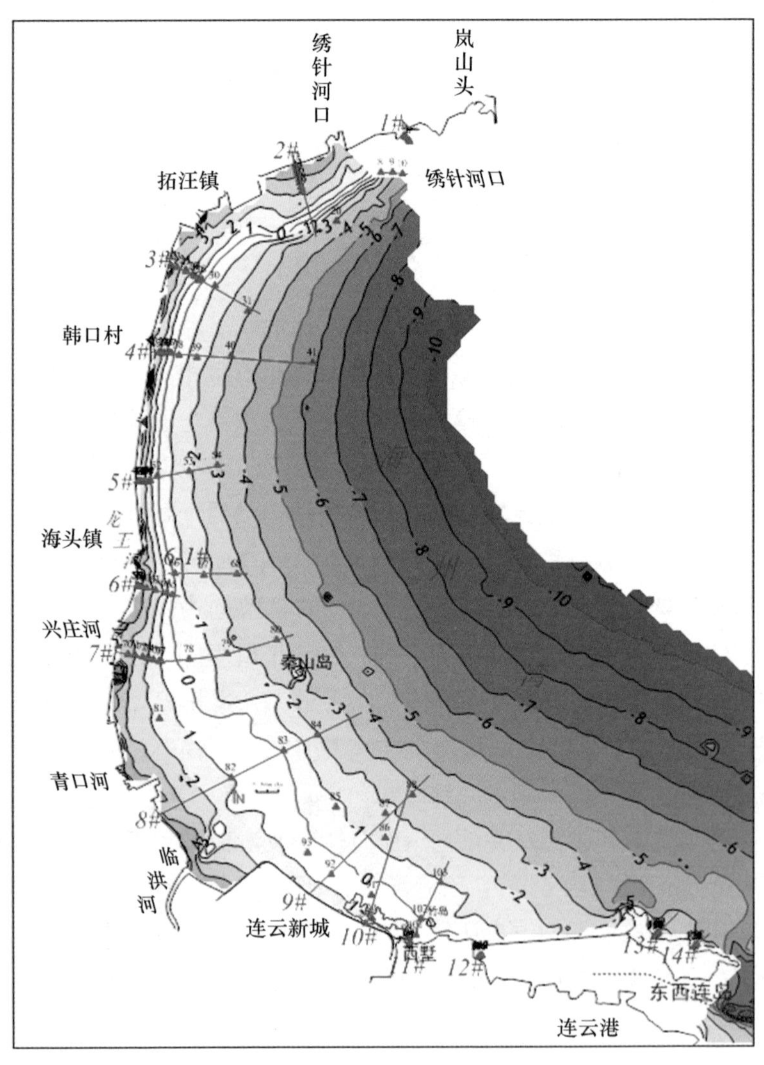

图 6.3 海州湾海域地形等值线分布

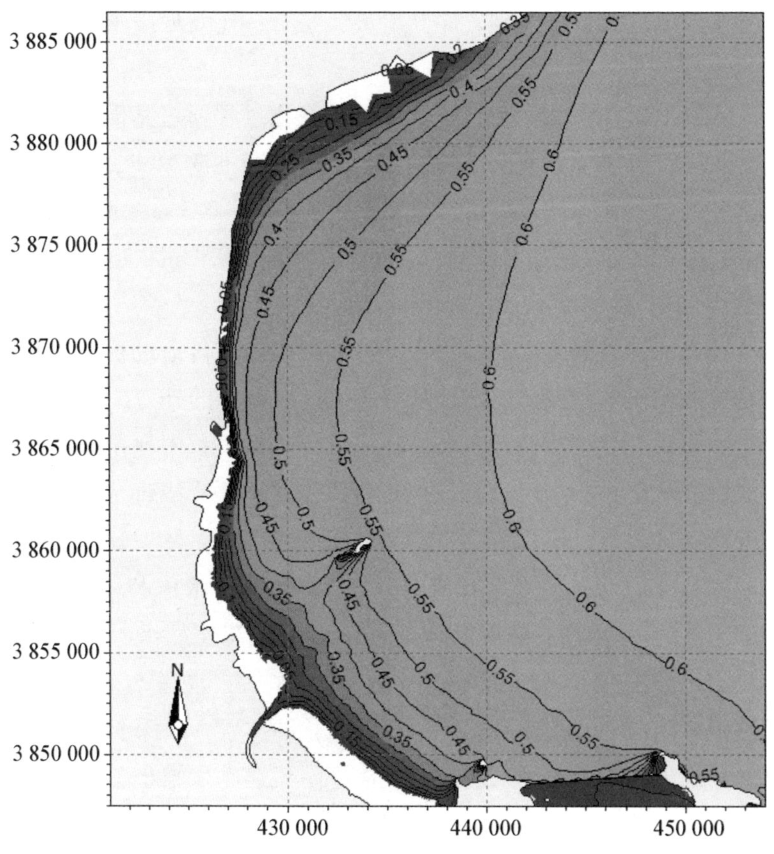

图 6.4　平均潮位 NE 向平均波高（m）分布

海州湾海域涨潮时外海潮流向岸运动，落潮时返回深水区，潮流往复流特征明显。从该海域全潮平均流速等值线图（图 6.5）看，从深水区（6 m）到近岸区，潮流平均流速不断减少，其平均流速值从 0.3 m/s 渐变到近岸 0.1 m/s 左右；连岛近岸平均流速变化梯度较大。

近海到近岸海滩潮流流速随水深的变化过程通过其横向分布图（图 6.6），可以看出随水深减小，潮流流速不断减少，近海 2～5 km平均流速减少很小，0.5～2 km 平均流速从 0.3 m/s 减少到 0.1 m/s，减少较多；近岸 0.5 km 以内平均流速在 0.1 m/s 以内，流速非常小。

连岛海滩外海不同断面深水波浪向近岸沙滩传播过程平均波高沿程分布情况如图 6.7 所示。从 0.5～3 km 以深的外海，地形相对平缓，水深变化很小，外海波浪在向近岸传播过程中耗损不大，平均波高变化很小；0.5 km 以浅的近岸，水深不断变浅直至露滩，波浪经历破碎过程，平均波高急剧减少。

综合考虑动力（水流或波浪）、边界条件（水深和床面条件）的摩阻流速 u_*，波浪底摩阻流速和潮流摩阻流速随水深的变化横向分布图如图 6.8 所示，在离岸 2.3 km 左右，水深 5 m 的地方，是波浪摩阻流速和潮流摩阻流速交替变化的位置，水深 5 m 以深的海域，潮流摩阻流速越来越大，波浪摩阻流速越来越小，潮流摩阻流速强于波浪摩阻流速，且越来越强；水深 5 m 以浅的海域，潮流摩阻流速越来越小，波浪摩阻流速越来越大，波浪摩阻流速强于潮流摩阻流速，且越来越强；到碎波区，基本还有波浪摩阻流速，且波浪摩阻流速急剧增加。

摩阻流速大小代表了海岸动力对底床泥沙作用的强度，水深 4 m 以深离岸 2.3 km 左右海域，对海床泥沙起作用主要是潮流，波

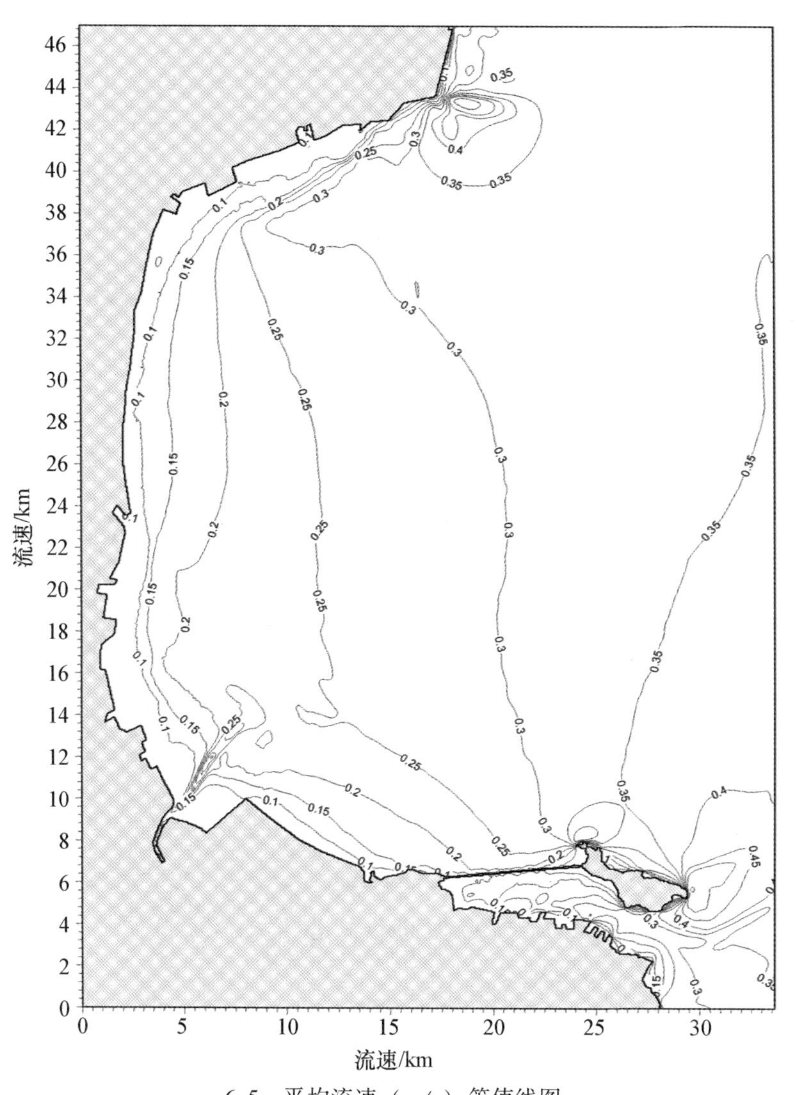

6.5　平均流速（m/s）等值线图

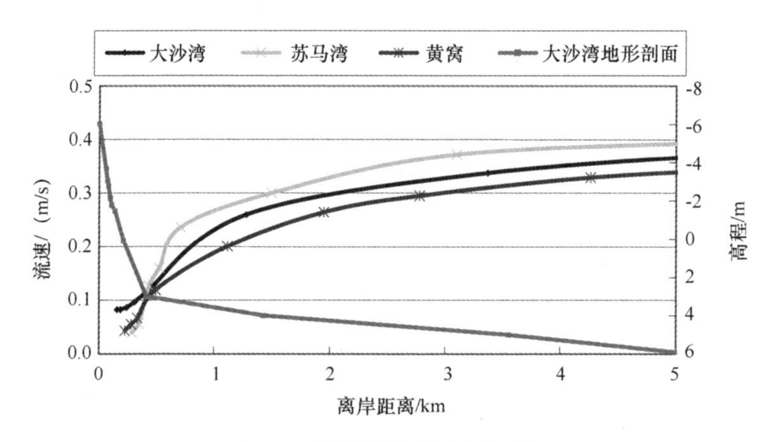

图 6.6　潮流流速的横向分布图

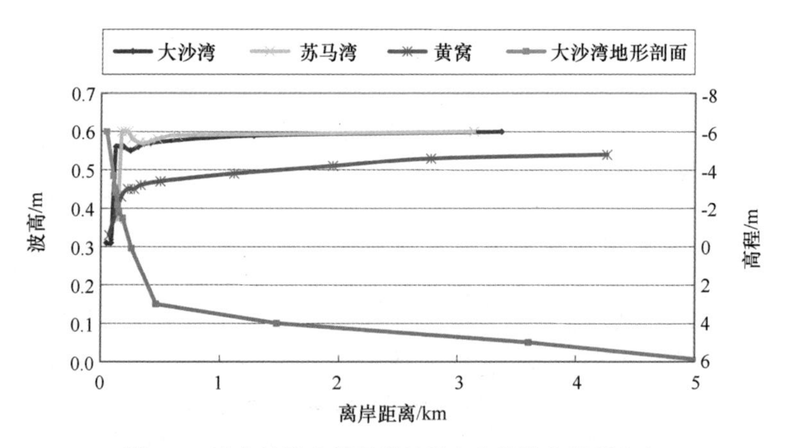

图 6.7　连岛波浪向岸行进过程中有效波高沿程分布

浪作用逐渐减少；水深 4 m 以浅的近海区主要是波浪作用，潮流作用逐渐减小。随着近岸水深逐渐变浅，波浪摩阻流速急剧增加，潮流摩阻流速急剧减少，水深 3 m 以浅的近岸波浪在起控制作用。

在海洋潮流和波浪动力环境下，外海波浪在向岸传播过程中，

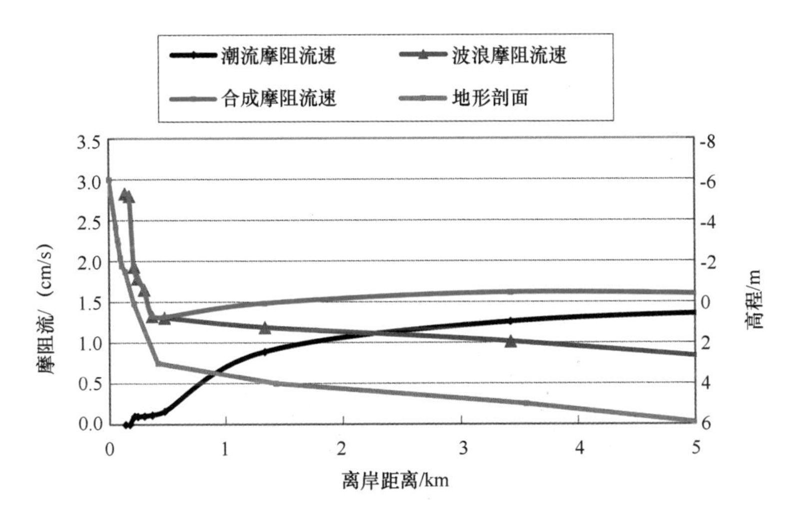

图 6.8　沙滩上波浪和潮流摩阻流速横向分布

波浪摩阻流速逐渐增大，即波浪对海床泥沙作用向岸有越来越强的趋势；另一方面，潮流摩阻流速向岸却逐渐减小，潮流对床面泥沙的作用越来越小。从两者对海床泥沙综合作用结果看，近岸完全是波浪在起控制作用。

6.4.2　海州湾海域近岸含沙量特点

在海岸潮流、波浪动力作用下，利用河海大学数学模型计算连云港海域泥沙含沙量分布如图 6.9 所示。海州湾含沙量的高低与水深大小关系密切，即沿岸浅滩地区含沙量高，随着向海方向上的水深逐渐增加，含沙量递减明显。图 6.9 中含沙量最高地区在河口湾地区，有河流来沙供给（徐啸，佘小建，毛宁，张磊等，2012）。

对于近岸区海滩含沙量分布，根据前面海岸潮流、波浪动力的挟沙力公式计算海滩挟沙力含沙量（图 6.10）。3 个公式计算海滩挟沙力含沙量变化趋势一致，量级略有差别。从离岸 3 km 外海到

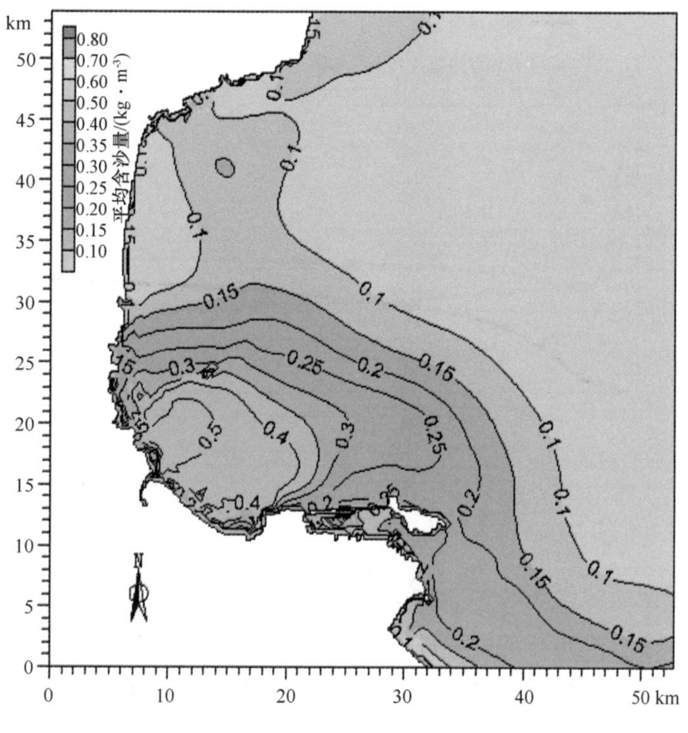

图 6.9　连云港海域年平均含沙量分布

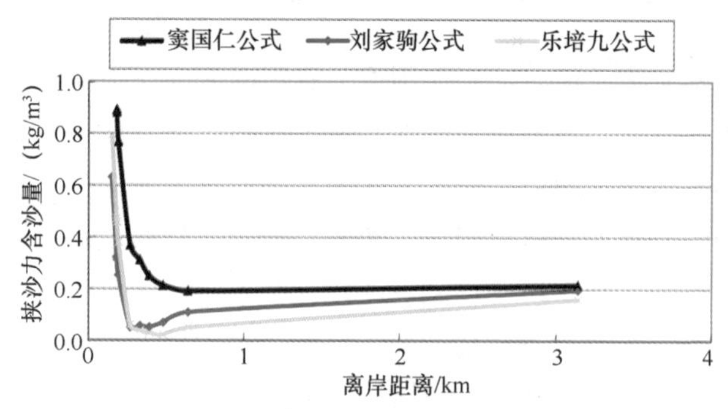

图 6.10　挟沙力含沙量的离岸方向分布特点

近岸，挟沙力含沙量先逐渐变小，到近岸 0.5 km 以内后，挟沙力含沙量突然变大，挟沙力含沙量突然变化与波浪摩阻流速急剧变化相对应。近岸区含沙量主要由波浪动力决定，且碎波区含沙量明显大于非碎波区含沙量，显示波浪破碎的巨大挟沙能力。

第7章　海滩泥沙输移变化

引起海滩变化的原因主要是海岸动力的变化，而导致海岸动力变化的因素很多，概括为两大类，风浪的周期性变化和人类活动的影响。风浪的周期性变化体现为海岸季节性变化，包括大风及波浪影响；人类活动包括岸上活动和海上活动。海岸动力变化带动海岸泥沙运动，体现在海岸形状的不断变化，根据泥沙运动方向的不同划分为横向输沙变化和纵向输沙变化，对应的海滩形状变化就是剖面变化和海岸线变化。

海岸是连续的，严格划分出横向和纵向泥沙运动是困难的，这主要是海岸动力并非完全垂直海岸运动。当然，在一段时间或者某种海岸动力条件下，存在垂直于海岸运动的动力也是有可能的。横向输沙包括离岸输沙和向岸输沙，离岸输沙一般会引起海岸侵蚀和结构毁坏。纵向泥沙运动是波浪不垂直于海岸运动导致的沿岸输沙运动，纵向输沙表现为海岸线变化，用沿岸输沙量来衡量。在某种动力条件下，海岸沙滩可以保持长时间平衡，体现了海岸泥沙运动是非常缓慢的。

7.1　向岸-离岸输沙

岸滩的稳定性取决于岸滩受侵蚀的程度，而能定量描述岸滩受侵蚀的指标主要为：①岸线（或水边线）向岸方向倒退的速率；②岸滩剖面上向岸-离岸输沙量的相对大小和分布特点。

剖面向岸-离岸输沙计算尤为重要，计算岸滩剖面向岸-离岸输沙量分布的原理主要依据输沙连续方程：

$$\frac{\partial z}{\partial t} = \frac{1}{1-n}\frac{\partial q}{\partial x} \tag{7-1}$$

在时段 Δt 内剖面上任一点平均净输沙率增量 $\Delta\bar{q}$ 为

$$\frac{\Delta\bar{q}}{1-n} = \frac{\Delta z}{\Delta t}dx \tag{7-2}$$

式中，n 为孔隙率。在 Δt 内 x 处净平均输沙率为

$$q = \frac{\bar{q}}{1-n} = \frac{1}{\Delta t}\int_{x_0}^{x}\Delta z\, d_x \approx \sum_{x_0}^{x}\frac{\Delta z\Delta x}{\Delta t} \tag{7-3}$$

式中，x_0为海岸上泥沙发生输移的极限位置。于是在△t 内通过剖面上 x 点处净输沙量为

$$\Delta Q = q\Delta t = \sum_{x_0}^{x}\Delta z\Delta x \mid \frac{t_0+\Delta t}{t_0} \tag{7-4}$$

波浪作用 t 时后，通过 x 点的净输沙总量为

$$Q = \sum_{t_0=t}^{t}\Delta Q = \sum_{x_0}^{x}\Delta z\Delta x \mid \frac{t}{t_0} = 0 \tag{7-5}$$

这样，只要掌握任一时刻剖面地形，与初始剖面相比较，即可计算出某时段内岸滩剖面上任一点处泥沙净输运量的大小和方向。剖面上净输沙量分布规律与岸滩冲淤类型有内在的联系，而最大净输运量的位置是研究岸滩输沙运动和冲淤规律的一个重要特征量。

7.2 岸滩剖面类型和判数

7.2.1 岸滩剖面类型

近岸泥沙运动表现在近岸泥沙输运的空间和时间上变化，岸滩演变是海岸线的长期变形结果。依据实验室观测资料和前人所进行的工作，以岸线（水边线）的年冲淤变化和近岸带泥沙输运特点为主要指标，将岸滩类型分为以下 3 类：1 侵蚀型：海岸遭到侵蚀，岸线后退；2 平衡型：输沙稳定，不冲也不淤，岸线形状不变；3 淤积型：泥沙堆积，岸线前进。

7.2.2 岸滩剖面类型判别指标

近岸泥沙运动是个三维过程，对岸滩进行分类最早是从静力地貌学角度进行的。20 世纪 50 年代以来，海岸科学工作者逐渐引入动力学的研究方法，即依据海滩所处的动力环境及其对海滩的作用来研究分析岸滩相应的演变规律。通过这些研究，认识到各种岸滩形态都是特定动力条件作用的结果，两者之间有着互为因果的关系。表 7.1 为近半个世纪以来在海岸动力与岸滩演变关系方面取得的主要成果。

表 7.1　岸滩冲淤判数及岸滩类型

作者	时间（年）	岸滩冲淤判数及岸滩类型	备注
佐腾清一	1950	$i_0>8°$ 侵蚀型 $i_0<8°$ 淤积型	i_0 为岸滩初始坡度

续表

作者	时间（年）	岸滩冲淤判数及岸滩类型	备注
Rector. R. L	1954	$d_{50}/L_0<0.0146(H_0/L_0)^{1.25}$岸滩侵蚀 $d_{50}/L_0>0.0146(H_0/L_0)^{1.25}$泥沙淤积	d_{50}为泥沙中值粒径
Dean. R. G	1973	$H_0/L_0>1.7\pi\omega/gT$ 侵蚀型 $H_0/L_0<1.7\pi\omega/gT$ 淤积型	ω 为沉速 T 为波周期
砂村继夫 堀川清司	1974	$H_0/L_0\geqslant 8(tg\beta)^{-0.27}(d/L_0)^{0.67}$侵蚀型 $H_0/L_0\leqslant 4(tg\beta)^{-0.27}(d/L_0)^{0.67}$淤积型 $4(tg\beta)^{-0.27}(d/L_0)<H_0/L_0<8(tg\beta)^{-0.27}$ $(d/L_0)^{0.67}$过渡型	
美国陆军海岸研究中心	1975	$F=H_0/\omega T>1$ 侵蚀型 $F=H_0/\omega T<1$ 淤积型	
尾崎晃 曳田信一	1977	$(H_0/L_0)^{0.16}(\sqrt{gH_b}\,d_{50}^{-1.8})\ tg\beta>64$ 侵蚀型 $(H_0/L_0)^{0.16}(\sqrt{gH_b}\,d_{50}^{-1.8})$ $tg\beta<64$ 淤积型或过渡型	H_b 为碎波高
Hattori M. Kawamata, R.	1980	$(H_0/L_0)\ tg\beta/(\omega/gT)>0.5$ 侵蚀型 $0.3<(H_0/L_0)\ tg\beta/(\omega/gT)<0.7$ 过渡型 $(H_0/L_0)\ tg\beta/(\omega/gT)<0.5$ 淤积型	
董凤舞	1980	$W>(11.6F)^{0.5}$侵蚀型 $W<(11.6F)^{0.5}$淤积型 $(3F)^{0.5}<W<(43.5F)^{0.5}$过渡型 式中：$W=(H_0/L_0)(H_0/d_{50})$ $[i_0+1/(\sqrt{gd_{50}}\,d_{50}/v)]$ $F=[1.65r/(r_s-r)]^2[(H_0/L_0)^{0.5}/$ $10^5 d_{50}]+(H_0/L_0)$	
徐啸	1988	$F>0.29$ 侵蚀型 $F<0.29$ 淤积型 $0.35>F>0.22$ 淤积型 式中：$F=(H_0/L_0)^{0.5}\sqrt{gH_0}/\omega(f\omega+tg\beta)$	

1970 年以前，人们习惯于采用“平衡剖面”“沙坝（Bar）型”“阶地（Step）型”等术语来描绘岸滩地貌特征，这些术语基本上还属于静力地貌学的范畴。1970 年以后逐渐采用“侵蚀型”“平衡型”“淤积型”等术语来描绘岸滩地貌特征，也更多地采用动力地貌学方法来研究岸滩演变规律。侵蚀型或淤积型岸滩指的是未达到平衡剖面之前变化过程中的岸滩形态，一旦达到平衡状态，这时基本上无冲淤变化，也就无所谓侵蚀型或淤积型。

Hattori 和 Kawamata（1980）提出的判数既可用于现场也可用于实验室资料，即

$$\frac{(H_0/L_0)\,\mathrm{tg}\beta}{\omega/gT} < 0.5 \text{（淤积型剖面，向岸输沙）}$$

$$0.3 < \frac{(H_0/L_0)\,\mathrm{tg}\beta}{\omega/gT} < 0.7 \text{（平衡型剖面，冲淤幅度整体平衡）}$$

$$\frac{(H_0/L_0)\,\mathrm{tg}\beta}{\omega/gT} > 0.5 \text{（侵蚀型剖面，离岸输沙）}$$

Hattori 等的模式在 Dean 模式基础上，补充考虑了岸滩坡度因子（$\mathrm{tg}\,\beta$）的影响，物理图像更为清晰。众所周知，岸滩剖面形态取决于波浪作用下的向岸-离岸方向泥沙运动规律，这方面的机理非常复杂，因此表 7. 1 中所列的岸滩类型判别式不少仍属于经验或半经验性质的。

7. 3　沙滩剖面特征表示

Dean（2002）注意到悬沙既能向岸运动，也能离岸运动，这取决于悬沙距离底部的高度。在波峰时，如果泥沙颗粒悬浮底部的距离与波高 H 相称，泥沙颗粒沉降速度为 ω，颗粒沉降到底部的时间正比于 H/ω。如果沉降时间小于波周期的一半，泥沙颗粒将会

发生向岸运动；而沉降时间大于波周期的一半，泥沙颗粒将会发生离岸运动。这就是沉降时间参数 $H/\omega T$，当 $H/\omega T$ 接近于1时是一个临界值，如果大于1，泥沙离岸运动产生沙坝；如果小于1，泥沙离岸运动产生沙坡。

沙滩的形状称沙滩剖面，天然沙滩被波浪不断淘刷，沙滩剖面常表现为季节性变化。沙滩侵蚀引起沙滩剖面的退化，沙滩退化加上海平面上升，越高的水位允许更大的波浪靠近海岸，导致剖面顶部的泥沙侵蚀，海岸沙滩周而复始的重复这一过程。

向岸-离岸泥沙输移直接关系到沙滩剖面的形成，已有调查揭示海岸剖面拥有平均特征形状，这是统计学上的平均剖面。而平衡剖面理论由 Dean 提出，这就是波浪条件下平衡剖面理论，首先假设沙滩剖面上仅有碎波区波浪破碎与破波耗散的紊流，波浪采用线性浅水波。

波高采用水深 d 的一定比例：

$$H = Kd \tag{7-6}$$

基于能量守恒方程：

$$\frac{\mathrm{d}F}{\mathrm{d}x} = D\bar{e} = \frac{De}{d} \tag{7-7}$$

式中，De 为能量耗散系数；F 为浅水波能流；d 为距离海岸线 x 点远的水深。浅水区波能流 F 表示为

$$F = \frac{\rho g H^2}{8}(gd)^{1/2} \tag{7-8}$$

我们可以得到：

$$\bar{\varepsilon} = \frac{\overline{De}}{d} = \frac{1}{d}\frac{\mathrm{d}}{\mathrm{d}x}\left[\frac{\rho g H^2}{8}(gd)^{\frac{1}{2}}\right] = \frac{1}{d}\frac{\mathrm{d}}{\mathrm{d}x}\left(\frac{\rho g K^2}{8} g^{1/2} d^{5/2}\right)$$

$$= \frac{5}{24}\rho g K^2\sqrt{g}\,\frac{\mathrm{d}(d^{\frac{3}{2}})}{\mathrm{d}x} \tag{7-9}$$

根据 Dean 假设，在沙滩平衡剖面上给定底床材料时 $\bar{\varepsilon}$ 是常数，故：

$$d^{3/2}=\frac{24}{5}\frac{\varepsilon(D)}{\rho g K^2\sqrt{g}}x \quad (7-10)$$

或者可以表示为：$d \propto x^{2/3}$

根据 Bruun（1954）现场研究和 Dean（1977）理论研究，单位水体波能耗散为主导力时，n 值为 2/3。则

$$d=A\,x^{2/3} \quad (7-11)$$

$$A=\left(D_e\frac{24}{5}\frac{1}{\rho\, g^{3/2}\,\gamma^2}\right)^{2/3} \quad (7-12)$$

剖面参数取决于颗粒尺寸和沉降速度，根据 Dean 研究，颗粒尺寸范围与参数的关系如下：

$$A=[1.04+0.086\ln(D)]^2 \quad 0.1\times10^{-3}\leqslant D\leqslant 1.0\times10^{-3}m \quad (7-13)$$

$$A=20\,D^{0.63} \quad 0.1\times10^{-3}\leqslant D\leqslant 0.2\times10^{-3}m \quad (7-14)$$

Dean 同时提出了一种简单的沉降速度关系：

$$A=0.50\,w_f^{\;0.44} \quad (7-15)$$

需要注意的是，平衡剖面的概念仅在碎波区有效。

在长期的时间尺度上，有效剖面波动的限制是一个有用的工程概念，称为接近水深 d_c，基于实验室及现场数据，Hallermeier（1981）提出如下计算公式：

$$d_c=2.28\,H_s-68.5\left(\frac{H_s^2}{gT_s^2}\right) \quad (7-16)$$

$$H_s=\overline{H}+5.6\,\sigma_H \quad (7-17)$$

式中，H_s 是有效波高；T_s 为波浪周期。

波陡是识别沙滩剖面一个重要因素，基于冬季风暴与夏季涌浪对沙滩剖面泥沙运动的不同作用，Bodge（1992）提出的剖面公式：

$$h = B(1 - e^{-kx}) \tag{7-18}$$

式中，B 和 k 均为系数，Komar 和 Mcdougal（1994）进一步细化了参数值和计算方法。

由于实际现场海滩剖面并非单一的剖面形状，如后面提到的福建漳州南太武大磐浅滩早期海滩剖面形状，上部与下部剖面形状有明显的不同。美国圣地亚哥的沙滩剖面形态也有此特征，Inman（1993）根据圣地亚哥海滩剖面形状把海滩剖面分为内滩和外滩两部分。Wang（1998）根据海岸动力把断面分为 3 段，分别为碎波区、上爬区和近岸岸上区。

Larson（1999）考虑海滩剖面上动力影响泥沙运动的不同，把海滩剖面分为碎波区内、外两段：

碎波区内：

$$h = \left(\frac{3}{5}\frac{uw}{\lambda_u\sqrt{g\gamma}}x\right)^{2/3} \tag{7-19}$$

式中，u 为泥沙垂向交换经验系数；λ_u 为系数；x 为破波点带距岸线的距离。

碎波区外：

$$h = [h_b^{1/n} + B(x - x_b)]^n \tag{7-20}$$

式中，B 为形态参数，$B = 0.142h_b^{7/3}$，指数 h_b 介于 0.15~0.3 之间。

沙滩各种剖面形状均是海岸动力与沙滩特征平衡的显现，不同的剖面特征丰富了海岸地貌特征，也加大了与动力匹配的难度，这就需要我们分清不同剖面特征对应的动力变化因素。

7.4　海滩剖面变化

一般海岸在天然条件下都会形成与动力条件相平衡的海岸剖面，有些还没达到平衡的海滩剖面也会体现出淤积或者侵蚀的态势。在这些海岸条件下，当海岸动力变化了，或者海岸剖面变化了，都会导致海岸剖面的进一步调整。

7.4.1　动力变化后海滩剖面

漳州南太武海滩位于厦门湾南岸，福建漳州开发区大磐浅滩上，整个海滩岸线呈弧形，正面向东。海滩北侧为建好的护岸区，海滩西侧为南太武高尔夫球场沙滩区。南太武沙滩区呈南北走向，长度约 2 km，滩面宽度约 100 m。

大磐浅滩绝大部分水深在 2 m（理论深度基准）内，水流平均流速在 0~0.2 m/s，较弱。该海域常风向及次强风向均直接面对大磐浅滩，主要常浪向、强浪向也均对着大磐浅滩。近岸泥沙运动主要是波浪作用下向岸-离岸泥沙运动，沙滩前近岸有效波高在 0.43 m 左右。双鱼岛造岛工程建成后，大磐浅滩近岸有效波高减小到 0.13 m，平均减少幅度达 69%。

双鱼岛造岛工程前后，沙滩剖面发生了较大变化（图 7.2）。造岛前，海滩在理论基准面 4.0 m（相当于 85 高程以上 1 m）处岸滩坡度有明显的差别，此高程以上岸滩坡度较陡，为 1/10~1/5；此高程以下岸滩坡度较平缓，为 1/60~1/40。双鱼岛造岛后，沙滩剖面形态发生了较大变化，主要集中在沙滩坡度转折处，85 高程 0.5~2.5 m 之间的滩面明显升高，局部高出 1 m 以上，沙滩坡度转折处界线明显弱化，85 高程 1 m 以上沙滩坡度变缓。

大磐浅滩近岸底部泥沙颗粒较细，上部较粗，沙滩上泥沙中值粒径为 0.11 mm，根据刘家驹波浪作用下泥沙起动公式：

$$H_* = M_* \sqrt{\frac{L_*}{\pi} \frac{\sinh(2kd_*)}{g} \left(\frac{\rho_s - \rho}{\rho} gD + A_2 \frac{\varepsilon_k}{D} \right)} \quad (7-21)$$

式中，$A_2 = \frac{\alpha_4 \beta_4}{\alpha_1 \beta_3}$；$\alpha_1 = \alpha_2 = \frac{\pi}{6}$，$\alpha_3 = \frac{\pi}{3}$，$\alpha_4 = \frac{\pi}{32}$；$\beta_1 = \frac{1}{3}$，$\beta_2 = \beta_3 = \beta_4 = \frac{2}{3}$；

$\varepsilon_k = \frac{\varepsilon}{\rho} = 2.56\ \mathrm{cm^3/s^2}$，$\varepsilon$ 为黏着力系数；近岸水深 d_* 平均为 2 m。计算得到泥沙起动波高 H_* 约为 0.33 m。双鱼岛建设后波浪条件达不到近岸泥沙起动条件，表现为淤积环境，所以沙滩剖面呈现淤积状态。

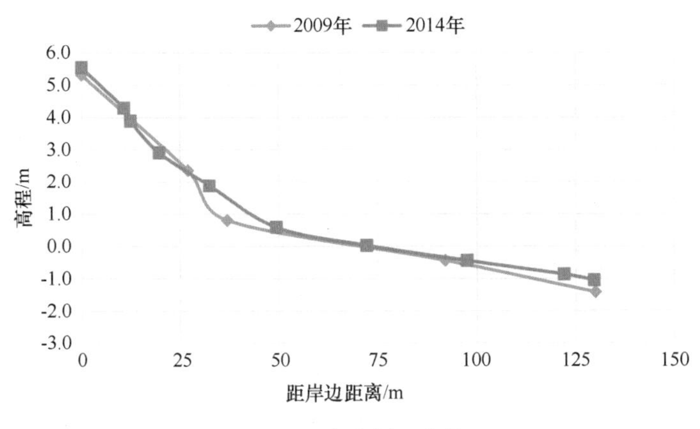

图 7.1　海岸剖面变化

7.4.2 补沙后海滩剖面变化

美国佛罗里达州东海岸直接面向大西洋，整个海岸线均为砂质海岸，岸线基本为南北走向，泥沙中值粒径为 0.2～0.4 mm，局部较粗，海滩近岸坡度一般较陡。因海岸直接面对大西洋，近岸波浪大，对海岸泥沙运动影响较大，受到风浪条件变化影响，海岸沿岸输沙方向一般为自北向南，海滩剖面一般呈现侵蚀态势。

佛罗里达州南部海岸旅游开发较成熟，需要保持较好的海滩条件来吸引游客，有些岸滩侵蚀严重的区域特别需要补沙来维持好的沙滩条件。图 7.2 为美国佛罗里达州东海岸岸滩剖面补沙后剖面变化。1998 年 3 月的岸滩进行补沙后，海岸向海伸约 200 m。1999 年 2 月，近 11 个月时间海岸沙滩剖面已经向陆后退约 80 m，2000 年 1 月，又向海后退约 40 m。

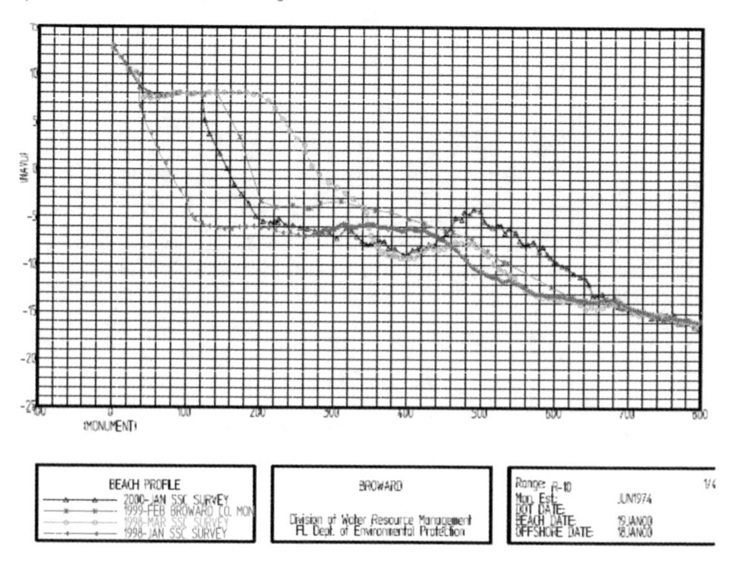

图 7.2 海滩剖面变化

7.5 纵向输沙

在波浪和沿岸流作用下，沿海岸的泥沙输移有两种模式：底沙输移，破波沿岸流带动底床泥沙翻滚移动，包括波浪破碎后上爬区底沙输移；悬沙输移，波浪破波时水体挟带的泥沙随沿岸流输移；对这两种泥沙输移做出区分还很难。如果波浪破碎时已经掀起足够的泥沙，波浪破碎后是否还有能力起动底沙。根据能量守恒，破碎后沿岸流挟沙力不会有多余的能量起动底沙。

精确计算沿岸输沙量是很困难的，这主要涉及两方面因素：一是波浪动力，二是泥沙特征，直接现场测量沿岸输沙需要很多技术。目前估算砂质海岸沿岸输沙率，主要有波能流法和沿岸流法，许多学者利用实验室或者现场数据对这些方法进行过研究。

7.5.1 波能流法输沙

波能流法形式比较简单，物理图像也较清晰，应用较为广泛。这类公式典型代表使用的是 CERC 公式，该公式源于砂质沙滩，包括底沙和悬沙输移，已经发展了很多年。公式形式为

$$Q_l = K(EC_g)_b\cos\alpha_b\sin\alpha_b \tag{7-22}$$

需要注意的是应用此公式 K 值要根据波浪波高的取值而变动，据 Komar 和 Inman（1970）建议，波高用 H_{rms} 时，$K=0.77$；Bailard（1981）扩展了这个方法，并得到新的 K 值：

$$K = 0.05 + 2.6\sin^2 2\alpha_b + 0.007u_b/\omega_s \tag{7-23}$$

Kamphuis（1986），Komar（1988）研究认为 K 值并不是一个常数，这进一步增加计算的复杂性。近年的研究，Schoonees 和 Theron（1994）根据现场资料认为 $K=0.82$。

CERC 公式有很多表示方式，如果假设 $\rho_s = 2\ 650\ \text{kg/m}^3$，$\rho = 1\ 025\ \text{kg/m}^3$，$N = 0.4$，波高为均方根波高，则可得

$$Q_l = 0.101\ 2\ H_b^2\ C_{gb}\cos a_b \sin a_b \tag{7-24}$$

Kamphuis（1986，1991）根据一系列实验和现场数据得到表达式为

$$Q_l = 2.27 H_{sb}^2 T_P^{1.5} (\tan\beta)^{0.75} D_{50}^{-0.25} (\sin\alpha_b)^{0.6} \tag{7-25}$$

Chadwick（1991）得到表达式为

$$Q = 1.34 \frac{(1+e)}{(\rho_s - \rho)} H_{sb}^{2.49} T_P^{1.29} (\tan\beta)^{0.88} D_{50}^{-0.62} (\sin\alpha_b)^{1.81} \tag{7-26}$$

式中，H_{sb}破碎波高，T_P是波谱周期，D_{50}是中值粒径，$\tan\beta$ 是底部坡度。

Walton 和 Bruno（1989）的表达式为

$$Q = \frac{KA\rho g H_b WVC_f}{0.78\left(\frac{5\pi}{2}\right)\left(\frac{v}{v_0}\right)_{LH}} \tag{7-27}$$

式中，W 为破碎波宽度，m；C_f 为摩擦系数，取 0.005；$\left(\frac{v}{v_0}\right)_{LH}$ 为理论沿岸流流速混合参数，取 0.4；

Komar（1998）的表达式为

$$Q = 0.46\rho g^{3/2} H_b^{2.5} (\tan\beta)^{0.88} D_{50}^{-0.62} \sin\alpha_b \cos\alpha_b \tag{7-28}$$

Bayram（2007）等提出了新的表达式为

$$Q = \frac{\varepsilon}{(1-e)(\rho_s - \rho_\omega) g w_s} F\overline{V} \tag{7-29}$$

输沙系数：

$$\varepsilon = 10^{-5}\left(9 + 4\frac{H_{sb}}{w_s T_P}\right) \tag{7-30}$$

向岸波能流：

$$F = E_b C_{gb} \cos\alpha_b \qquad (7-31)$$

碎波区平均沿岸流流速：

$$\bar{v} = \frac{5}{32} \frac{\pi\gamma_b g^{1/2}}{c_f} A^{3/2} \cos\alpha_b \qquad (7-32)$$

式中，w_s 为泥沙沉降速度，m/s；T_P 为波峰周期，s；C_f 为摩擦系数，取 0.005；E_b 单位破碎波能。

美国海岸防护手册推荐的 SMB 公式广泛被使用，沿岸输沙率 Q_l 计算式如下：

$$Q_l = K(Ecn)_0 \cos\alpha_0 \sin\alpha_b \qquad (7-33)$$

式中，下标“0”表示深水条件，下标“b”表示破波条件；α_0 为深水波向角，α_b 为破波角；K 为沿岸输沙系数，$K=0.812\times10^{-4}$；沿岸输沙率 Q_1 以 m^3/s 计；测波点波能 $E_0 = \frac{1}{8}\rho g H_{rms}^2$，均方根波高 $H_{rms}=0.5567H_{1/10}$（m）；测波点波速 $C_0 = \frac{gT}{2\pi}\tanh(kh)$（m/s）；$k=2\pi/L_0$；测波点波能传递率 $n_0 = \frac{1}{2}\left[1 + \frac{2kh}{sh(2kh)}\right]$。

7.5.2　沿岸流法输沙

沿岸流法是从力平衡方程推导出的沿岸输沙公式，因为沿岸流的作用，产生底床剪切应力，继而有沿岸输沙。这个方法要求精确的水动力模拟以确定来自于辐射应力的波导沿岸流。Bijker（1971）利用碎波区水力模型做过这方面的探讨，Damgaard and Soulsby（1996）基于波流作用下底床输沙公式，用力平衡方法得到粗沙沿岸底床输沙的预测公式。对以流主导的输沙：

当 $\sin2\alpha_b > \frac{5}{3\theta_{cr}^*}$ 时，

$$Q_{x1} = 0.21 \frac{H_b^{5/2}\sqrt{g\gamma_b \tan\beta}}{s-1}(\sin2\alpha_b - 5\theta_{cr}^*/3)\sqrt{|\sin2\alpha_b|} \tag{7-34}$$

当 $|\sin2\alpha_b| \leqslant \frac{5}{3\theta_{cr}^*}$ 时，

$$Q_{x1} = 0 \tag{7-35}$$

对以波浪主导的输沙：

当 $\frac{f_{w,r}}{f_{w,sf}} > 1$ 时，

$$Q_{x2} = (0.25 + 0.051\cos2\phi)\frac{g^{3/8}D^{1/4}\gamma_b^{3/8}H_b^{19/8}}{T^{1/4}(s-1)}\sin2\alpha_b \tag{7-36}$$

当 $\frac{f_{w,r}}{f_{w,sf}} \leqslant 1$ 时，

$$Q_{x2} = (0.05 + 0.01\cos2\phi)\frac{g^{2/5}\gamma_b^{3/5}H_b^{13/5}}{(\pi T)^{1/5}(s-1)^{6/5}}\sin2\alpha_b \tag{7-37}$$

其中

$$\theta_{cr}^* = \theta_{cr}\frac{8(s-1)D}{\gamma_b H\tan\beta} \tag{7-38}$$

$$\phi = \frac{\pi}{2} - \alpha_b \tag{7-39}$$

紊流摩擦力基于大数据分析得

$$f_{w,r} = (g\gamma_b H)^{-1/4}\sqrt{\frac{2D}{T}} \tag{7-40}$$

剪切流时摩擦系数源于 WILSON（1989）：

$$f_{w,sf} = 0.0655(\gamma_b H/g)^{1/5}[\pi(s-1)T]^{-2/5} \tag{7-41}$$

7.5.3　其他输沙公式

除了上述两种类型沿岸输沙计算公式，还有很多学者研究了沿岸输沙计算公式，例如我国海港水文规范提供过天津大学赵今声的沿岸输沙公式，其形式为

$$Q_l = 0.64 \times 10^{-2} k \frac{H_0}{L_0} H_b^2 C_b n_b \sin 2\alpha_b \tag{7-42}$$

$$k = 3\,500 \left(\frac{D_{50}}{D_{50}^4 + 2} \right)^{(11-100H_0/L_0)/10} \tag{7-43}$$

南京水利科学研究院刘家驹根据多年海岸研究经验，提出沿岸输沙计算公式为

$$Q = \frac{k\gamma_s}{\gamma_0} \sqrt{g} H_b^{2.5} F^{1/F} \sin 2\alpha_b \tag{7-44}$$

南京水利科学研究院徐啸直接利用测波点波况测量资料估算沿岸输沙率方法。假设岸滩坡度比较均匀，沿岸碎波条件一致，由波能流守恒法可导得

$$Q_l = K_1 H^{2.4} \sin\alpha \, (\cos\alpha)^{1.2} C_g^{\ 0.2} (C_g / C) \tag{7-45}$$

波速 C 可用下式直接算得

$$C = \{ gh[y + (1 + 0.666y + 0.445y^2 + 0.105y^3 + 0.272y^4)^{-1}]^{-1} \}^{-1/2} \tag{7-46}$$

式中，h 为水深，$y = \omega^2 h/g$，$\omega = 2\pi/T$。波群速 $C_g = n \cdot C$，$n = \frac{1}{2}\left[1 + \frac{2kh}{\sinh(2kh)}\right]$，$k = \frac{2\pi}{L}$，$L = CT$。当测波资料中波高为均方根波高，$K_1 = 0.271\,8$，当测波资料中波高为有效波高，$K_1 = 0.118\,3$；当测波资料中波高为 $H_{1/10}$ 时，$K_1 = 0.066\,0$。

此外，$(\cos\alpha)^{1.2}$ 可能会给计算带来困难（因为 $\cos\alpha$ 可以为负

值)，可利用下法处理：

$$(\cos\alpha)^{1.2}=\frac{\cos\alpha}{|\cos\alpha|}|\cos\alpha|^{1.2} \tag{7-47}$$

法国夏都国立水工试验所输沙公式形式如下：

$$Q_l=K_2K'\frac{H_0^3}{T}\sin\frac{7}{4}a_0 \tag{7-48}$$

式中，沿岸输沙系数 $K_2=0.175\times10^{-2}$；H_0 为测波点有效波高，m；$K'=\left(3\,500\frac{D}{D^4+2}\right)^{(1.1-10H_0/L_0)}$，此时测波点波高 H_0 取为 $H_{1/10}$，D 为泥沙中值粒径。

考虑到沙质海岸的一般情况，计算时泥沙中值粒径 D 可取 0.2 mm。

7.6 沿岸输沙案例

在砂质海岸建设海岸工程建筑物会造成海岸纵向动力的不连续运动，进而影响沿岸输沙运动的平衡，最终造成海岸线的淤积与侵蚀变化。

毛里塔尼亚西海岸面临大西洋，海岸天然状态是平直的砂质海岸，因 1984 年建设防波堤，原先平直的岸线沿岸输沙过程被防波堤截断，造成防波堤上、下游两侧岸线不断发生淤积、侵蚀变化。图 7.5 为岸线从 1984—2016 年间每 16 年岸线变化，下游 6 km 岸线均出现侵蚀，主要侵蚀区岸线后退 560 m，年平均后退 17.5 m；上游岸线 4 km 范围均出现淤积，最大年淤积 28 m。

友谊港所处海域为典型沙质海岸，面向大西洋，海岸泥沙中值粒径 0.25 mm，岸坡坡度一般在 1/30～1/25。水文测验表明海区的潮流及潮差均较小，实测最大潮流流速仅为 0.176 m/s，水流对当

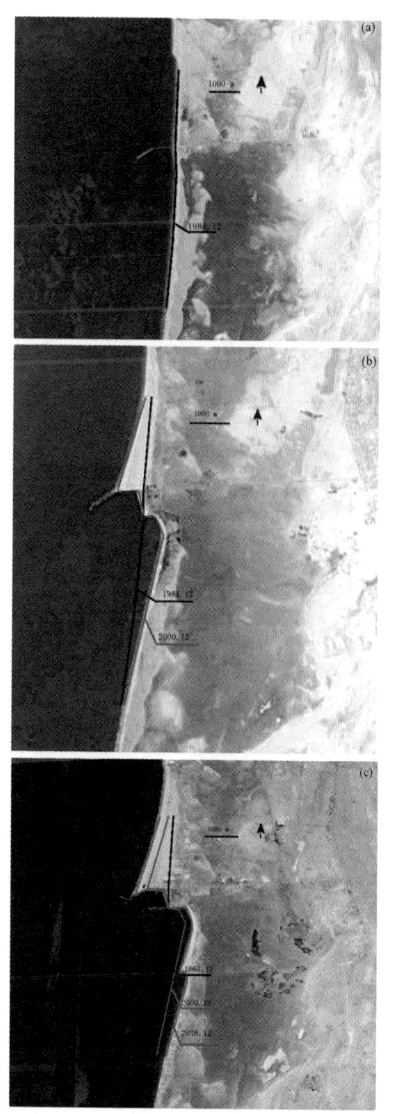

图7.5 友谊港防波堤建设前海岸线（a）、
建设16年后海岸线（b）、建设32年后海岸线（c）

地泥沙运动几乎不起作用。

根据友谊港海域 1975 年到 1986 年的波浪频率统计资料（表 7.2），海区主要是涌浪为主的混合浪。当地常浪向是 NW 向、出现频率 48.64%，次常浪向是 WNW 向、出现频率 36.1%；强浪向是 W 向，次强浪向是 WNW 向。强浪向和常浪向高度集中，波浪作用下沿岸输沙方向自北向南，年平均沿岸输沙根据现场波浪条件计算约 90×10^4 m^3，波浪近岸流体系是近岸泥沙运动主要方式。

表 7.2　波浪频率统计资料

方位	波浪/m					合计
	0.1~0.8	0.9~1.2	1.3~1.9	2.0~2.4	2.4 以上	
NNE		0.01				0.01
N	0.15	0.25	0.12			0.52
NNW	2.24	2.97	1.97	0.01		7.19
NW	13.94	25.24	9.18	0.25	0.03	48.64
WNW	9.77	16.04	8.68	1.16	0.51	36.16
W	0.85	2.44	1.21	0.13	0.24	4.87
WSW	0.44	0.61	0.26			1.31
SW	0.24	0.53	0.13			0.90
SSW	0.09	0.18	0.01			0.28
S	0.04	0.05	0.01			0.10
SSE		0.01				0.01
NE	0.2		0.01			0.03

第8章　海岸演变模拟

海岸演变问题中，准确地模拟近岸带水动力条件及泥沙运动的能力十分重要。这种能力还有助于加深对复杂的海岸工程的一般了解，在设计特定工程时也非常有用。物理模型和数值模型是两条可能的研究途径，虽然在过去的十年中数学模型有长足的进步，但一些定量的机制仍需由现场或物理模型研究来取得。这样，当某些工程几何条件较复杂，加之缩尺模型的直观性，物理模型可能是更合适的选择。可以预见在近数十年内，近岸带岸滩演变物理模型还会在海岸研究中起重要作用。

虽然在近岸水动力学模拟方面仍有大量问题需要解决，但运用数值模拟和物理模型解决水动力及泥沙问题还是可行的。在波浪条件下动量流概念的发展和应用可以相当精确地定义碎波区总的作用“力”。仍然存在的重要难题有：碎波区内这些力的横向分布，波浪破碎的方式，碎波区的剪应力和紊动的时空变化等。当然，还包括因几何条件或水流不稳定的无规律性引起的三维特征，三维特征的例子有边缘波、裂流等。要正确模拟海岸泥沙运动，重要的是要更好地理解碎波区水动力学及泥沙运动机制。

8.1 数学模型介绍

人们一直在寻求一种能较好预测海岸岸滩变化的方法，也逐渐诞生了很多海岸演变的数值模拟计算方法。这些方法根据波浪、潮流动力作用下输沙规律，建立了近海水动力与泥沙输移之间相互作用的模型。事实也说明用数学模型预测海岸演变是一个有效的手段。数学模型分为一线模型、N 线模型、2D 模型和 3D 模型等，主要是基于它们的计算性能。后两种模型要求的计算时间很长，一般用于短期预测，前两种用于长期的预测多。

大部分沙滩剖面模型基于向岸-离岸输沙方程，沙滩剖面演变用底沙控制方程模拟解决。在数学模型中，用两种网格间距：第一种是单元随距离变化 y 有限增加，距离是独立变量，而水深随时间变化；第二种是计算网格单元随水深 d 有限增加，在这种情况下，y 和 d 是因变量和自变量，y 是时间函数，随 d 值变化。

$$\frac{\partial d}{\partial t}=\frac{\partial q_y}{\partial y} \tag{8-1}$$

如果是自变量，方程为

$$\frac{\partial y(d)}{\partial t}=\frac{\partial q_y}{\partial y} \tag{8-2}$$

在闭合模型中，输沙关系是

$$q_y=K'(D-D_e) \tag{8-3}$$

在开放模型中，输沙关系取决于详细的水动力和试图实际过程：

$$q_y=K'(D-D_e)+\varepsilon\frac{\partial d}{\partial y} \tag{8-4}$$

式中，d 为水深；y 为距离海岸距离；q_y 为输沙关系，K' 为单位水体能量耗散。

8.2　Sbeach数学模型

Sbeach模型于1986年美国海岸工程兵团开始开发，Larson和Kraus（1990年）提出具体的Sbeach数学模型，这是预测风暴作用下沙滩、沙坝、沙丘变化的模型。这个模型包含详细的破波变化和沙滩泥沙输移，特别的是在靠近破波点的地方。

向岸-离岸泥沙运动受流速场特征和泥沙含沙量支配，碎波区泥沙含沙量是和涡流产生密切相关的，这个主要依据波浪破碎。向岸-离岸输沙方向在Sbeach数学模型中，深水波陡$\frac{H_0}{L_0}$和$M\left(\frac{H_0}{\omega_f T}\right)^3$参数称为沉降参数，区分剖面侵蚀与淤积的是

$$\frac{H_0}{L_0} = M\left(\frac{H_0}{\omega_f T}\right)^3 \tag{8-5}$$

当$M=0.0007$，是修正系数，如果$\frac{H_0}{L_0}$小于$M\left(\frac{H_0}{\omega_f T}\right)^3$，剖面是侵蚀，反之为淤积。$\frac{H_0}{L_0}$波陡表示波浪特征，在沉降速度参数中的波高$H_0$和周期$T$，$\omega_f$沉降速度表示泥沙颗粒起动特征。

根据近岸不同的波浪运动特点，数学模型可分为4个区（图8.1），相应的输沙方程也不一样，各个区输沙方程如下：

（1）从海向有效输沙水深到破波点：

$$Q = Q_b e^{-\lambda_1(x-x_0)} \tag{8-6}$$

（2）从破波点到下跌点：

$$Q = Q_p e^{-\lambda_2(x-x_p)} \tag{8-7}$$

(3) 从下跌点到碎波区边界：

$$Q = k\left(D - D_{eq} + \frac{\varepsilon}{K}\frac{dd}{d_x}\right) \tag{8-8}$$

(4) 碎波区边界到上爬区顶：

$$Q = Q_z\left(\frac{x - x_r}{x_z - x_r}\right) \tag{8-9}$$

式中，Q 为向岸-离岸输沙率，$m^3/m \cdot s$；λ_1 和 λ_2 为空间系数，m^{-1}；x 为向岸距离，m；K，D 为输沙率系数，m^4/N；D_{eq} 为单位水体平均波能分布；ε 为与输沙率系数相关的坡度，m/s；d 为水深，m。

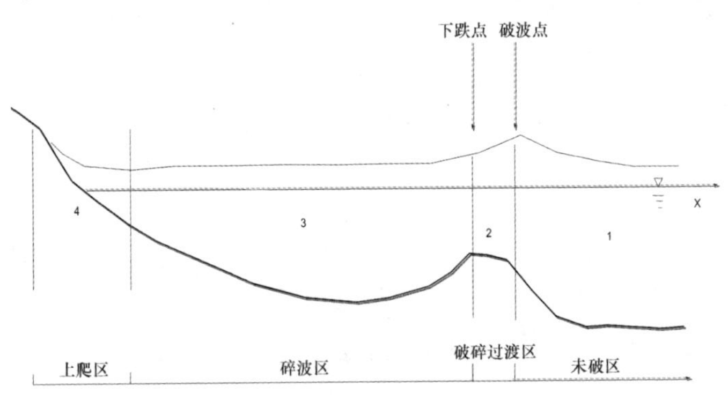

图 8.1 数学模型 4 个区

8.3 Xbeach 数学模型

8.3.1 软件介绍

Xbeach 是在 Sbeach 基础上进行的，由美国海岸工程兵团及欧盟等机构资助，联合了 UNESCO-IHE，Deltares，Delft University of

Technology，University of MIAMI 等单位2006年开始共同开发，是基于 Fortrn90 架构的开源软件。模拟近岸区波浪传播、长波和平均流、泥沙输移和地形变化的二维海岸演变的数学模型。模型主要包括水动力过程和地形动力过程，水动力过程包括短波和长波变形，波引起的波浪增水和不稳定流等的动力变化过程；地形动力过程包括底沙和悬沙输移、沙丘移动、植被影响等地形变化过程。

输入参数主要是：网格、地形、边界参数、水位、泥沙特征和模型参数等；输出参数主要为：波高、流速、水位、含沙量、泥沙输移率、底床变化和地形等。

坐标系统：Xbeach 坐标系中，x 轴总是面向海岸，近乎垂直于海岸线；x 轴是沿岸方向，平行于海岸线（图 8.2）。x 方向和 y 方向网格可以不一样（谭欣，2016）。

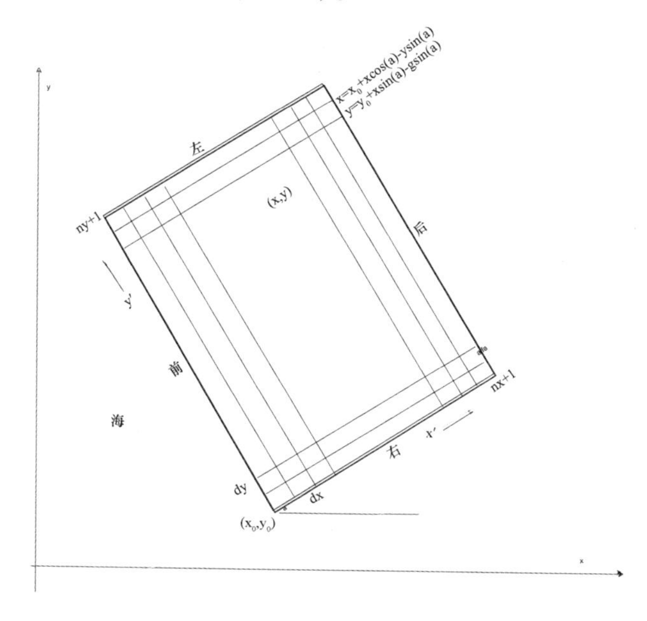

图 8.2　模型坐标系统

根据时间尺度不同，Xbeach 水动力分为 3 种模式：稳定波模式，破碎波模式和非静力模式。

8.3.2 模拟方程

1）短波运动

波浪运动平衡方程为

$$u_{*c} = \sqrt{(s-1)gD}\sqrt{\theta_c} \tag{8-9}$$

$$\frac{\partial A}{\partial t} + \frac{\partial Ac_x}{\partial_x} + \frac{\partial Ac_y}{\partial_y} + \frac{\partial Ac_\theta}{\partial_\theta} = \frac{D_w + D_f + D_v}{\sigma} \tag{8-10}$$

波浪运动 A 为

$$A(x,y,t,\theta) = \frac{S_W(x,y,t,\theta)}{\sigma(x,y,t)} \tag{8-11}$$

$$c_x(x,y,t,\theta) = c_g\cos\theta + u^L$$

$$c_y(x,y,t,\theta) = c_g\cos\theta + v^L \tag{8-12}$$

$$c_\theta(x,y,t,\theta) = \frac{\sigma}{\sinh(2kh)}\left(\frac{\partial h}{\partial x}\sin\theta - \frac{\partial h}{\partial y}\cos\theta\right) + \cos\theta\left(\frac{\partial u}{\partial x}\sin\theta - \frac{\partial u}{\partial y}\cos\theta\right) + \sin\theta\left(\frac{\partial v}{\partial x}\sin\theta - \frac{\partial v}{\partial y}\cos\theta\right) \tag{8-13}$$

式中，S_W 为波浪能量，D_w 为波浪破碎参数，D_f 为底摩擦参数，D_v 为植被参数。

2）浅水方程

$$\frac{\partial u^L}{\partial t} + u^L\frac{\partial u^L}{\partial x} + v^L\frac{\partial u^L}{\partial y} - fv^L - v_h\left(\frac{\partial^2 u^L}{\partial x^2} + \frac{\partial^2 u^L}{\partial y^2}\right) = \frac{\tau_{sx}}{\rho h} - \frac{\tau_{bx}^E}{\rho h} - g\frac{\partial \eta}{\partial x} + \frac{F_x}{\rho h} + \frac{F_{v,x}}{\rho h} \tag{8-14}$$

$$\frac{\partial v^L}{\partial t} + u^L \frac{\partial v^L}{\partial x} + v^L \frac{\partial v^L}{\partial y} + fu^L - v_h\left(\frac{\partial^2 v^L}{\partial x^2} + \frac{\partial^2 v^L}{\partial y^2}\right)$$

$$= \frac{\tau_{sy}}{\rho h} - \frac{\tau_{by}^E}{\rho h} - g\frac{\partial \eta}{\partial y} + \frac{F_y}{\rho h} + \frac{F_{v,y}}{\rho h} \qquad (8-15)$$

$$\frac{\partial \eta}{\partial t} + \frac{\partial h u^L}{\partial x} + \frac{\partial h v^L}{\partial y} = 0 \qquad (8-16)$$

式中，τ_{sy} 和 τ_{sx} 为风剪切应力，τ_{bx}^E 和 τ_{by}^E 为底床剪切应力，η 为水位，F_y 和 F_x 为波浪引起的应力，$F_{v,x}$ 和 $F_{v,y}$ 为植被引起的应力，v_h 为水平黏滞系数，f 为科氏力系数。

$$u^L = u^E + u^S \qquad (8-17)$$

$$v^L = v^E + v^S \qquad (8-18)$$

$$u^S = \frac{E_w \cos\theta}{\rho h c} \qquad (8-19)$$

水平涡黏系数 v_h 为

$$v_h = \sqrt{2}c_s^2\sqrt{\left(\frac{\delta_u}{\delta_x}\right)^2 + \left(\frac{\delta_v}{\delta_y}\right)^2 + \frac{1}{2}\left(\frac{\delta_u}{\delta_x} + \frac{\delta_v}{\delta_y}\right)^2}\,\Delta_x\Delta_y \qquad (8-20)$$

式中，c_s^2 为常数，一般设置为 0.1。

底床剪切应力分别为

$$\tau_{bx}^E = c_f \rho u_E \sqrt{(1.16\, u_{rms})^2 + (u_E + v_E)^2} \qquad (8-21)$$

$$\tau_{by}^E = c_f \rho v_E \sqrt{(1.16\, u_{rms})^2 + (u_E + v_E)^2} \qquad (8-22)$$

式中，c_f 为底床摩擦系数，底摩擦系数的确定一般有如下几种方式：

无量纲摩擦系数用谢才系数来计算，一般的谢才系数是 55 $m^{1/2}/s$，底床摩擦系数可表示为

$$c_f = \sqrt{\frac{g}{C^2}} \qquad (8-23)$$

如果用曼宁系数 n 来计算底床摩擦系数，需要考虑水深的影

响，一般曼宁系数为 0.02 s/m$^{1/3}$，此时，底床摩擦系数为

$$c_f = \sqrt{\frac{g\,n^2}{h^{1/12}}} \tag{8-24}$$

如果用 White-colebrook 方程来计算，需要先知道几何糙率 k_s，一般几何糙率 k_s 为 0.01~0.15 m，底床摩擦系数为

$$c_f = \sqrt{\frac{g}{\left[18\lg\left(\frac{12h}{k_s}\right)\right]^2}} \tag{8-25}$$

基于 White-colebrook 方程，几何糙率用 D_{90} 来表示，底床摩擦系数为

$$c_f = \sqrt{\frac{g}{\left[18\lg\left(\frac{12h}{3\,D_{90}}\right)\right]^2}} \tag{8-26}$$

植被剪应力为

$$F_v = F_D = \frac{1}{2}\rho\,C_D\,b_v\,N_u\,|u| \tag{8-27}$$

式中，C_D 为拖曳系数，b_v 为植被茎直径，N_u 为植被浓度，u 为波浪或者水流流速。

风剪切应力分别为

$$\tau_{sx} = \rho_a\,C_D W\,|W_x| \tag{8-28}$$

$$\tau_{sy} = \rho_a\,C_D W\,|W_y| \tag{8-29}$$

式中，ρ_a 为空气密度，C_D 为风拖曳系数，W 为风速。

3）泥沙输移：

采用水深平均对流扩散方程来模拟水体含沙量：

$$\frac{\partial hC}{\partial t} + \frac{\partial hCu^E}{\partial x} + \frac{\partial hCv^E}{\partial y} - \frac{\partial}{\partial x}\left[D_h h\frac{\partial C}{\partial x}\right] - \frac{\partial}{\partial y}\left[D_h h\frac{\partial C}{\partial y}\right] = \frac{hC_{eq} - hC}{T_s} \tag{8-30}$$

式中，C 为水深平均含沙量，D_h 为泥沙扩散系数，C_{eq} 为平衡含沙量。

T_s 为挟带的泥沙用时间，表示为

$$T_s = \max\left(f_{T_s}\frac{h}{w_s},\ T_{s,\min}\right) \tag{8-31}$$

式中，w_s 为泥沙沉降速度，h 为水深，f_{T_s} 为校正系数。

C_{eq} 平衡含沙量表示为

$$C_{eq} = \max\left[\min\left(C_{eq,b},\ \frac{1}{2}C_{\max}\right) + \min\left(C_{eq,s},\ \frac{1}{2}C_{\max}\right),\ 0\right] \tag{8-32}$$

式中，w_s 为沉降速度。

第一种可用的泥沙输移方程是 Soulsby（1997）– Van Rijn（1985）方程，平衡含沙量为

$$C_{eq,b} = \frac{A_{sb}}{h}\left(\sqrt{v_{mg}^2 + 0.018\frac{u_{rms,2}^2}{C_d}} - U_{cr}\right)^{2.4} \tag{8-33}$$

$$C_{eq,s} = \frac{A_{ss}}{h}\left(\sqrt{v_{mg}^2 + 0.018\frac{u_{rms,2}^2}{C_d}} - U_{cr}\right)^{2.4} \tag{8-34}$$

式中，v_{mg} 为流速大小，u_{rms} 为轨迹速度。

底沙系数为

$$A_{sb} = 0.005h\left(\frac{D_{50}}{h\Delta g D_{50}}\right)^{1.2} \tag{8-35}$$

悬沙系数为

$$A_{ss} = 0.012D_{50}\frac{D_*^{-0.6}}{(\Delta g D_{50})^{1.2}} \tag{8-36}$$

泥沙粒径为

$$D_* = D_{50}\left(\frac{\Delta g}{\nu^2}\right)^{1/3} \tag{8-37}$$

式中，ν 为动能黏滞系数，Δg 为与水温的函数，这里一般取 20

常数。

临界速度是水深平均泥沙运动速度为

$$U_{cr}=\begin{cases}0.19D_{50}^{0.1}\lg(\dfrac{4h}{D_{90}})\cdots \text{当 } D_{50}\leqslant 0.0005\\8.5D_{50}^{0.6}\lg(\dfrac{4h}{D_{90}})\cdots \text{当 } D_{50}>0.05\end{cases} \tag{8-38}$$

拖曳系数为

$$C_d=\left[\frac{0.40}{\ln\left(\dfrac{\max(h,\ 10z_0)}{z_0}\right)-1}\right]^2 \tag{8-39}$$

式中，z_0 为底床糙率长度。

第二种可用的泥沙输移方程是 Van Thiel（1997）-Van Rijn（2007）方程，平衡含沙量为

$$C_{eq,\ b}=\frac{A_{sb}}{h}(\sqrt{v_{mg}^2+0.64u_{rms,\ 2}^2}-U_{cr})^{1.5} \tag{8-40}$$

$$C_{eq,\ s}=\frac{A_{ss}}{h}(\sqrt{v_{mg}^2+0.64u_{rms,\ 2}^2}-U_{cr})^{2.4} \tag{8-41}$$

底沙和悬沙系数为

$$A_{sb}=0.015h\frac{\left(\dfrac{D_{50}}{h}\right)^{1.2}}{(\Delta gD_{50})^{0.75}} \tag{8-42}$$

$$A_{ss}=0.012D_{50}\frac{D_*^{-0.6}}{(\Delta gD_{50})^{1.2}} \tag{8-43}$$

临界速度是波、流独立贡献的合成，为

$$U_{cr}=\beta U_{crc}+(1-\beta)U_{crw},\ \beta=\frac{v_{mg}}{v_{mg}+u_{rms}} \tag{8-44}$$

流的临界流速为

$$U_{crc}=\begin{cases}0.19D_{50}^{0.1}\lg\left(\dfrac{4h}{D_{90}}\right)\cdots 当\ D_{50}\leqslant 0.000\,5\\ 8.5D_{50}^{0.6}\lg\left(\dfrac{4h}{D_{90}}\right)\cdots 当\ D_{50}\leqslant 0.002\\ 1.3\sqrt{\Delta g D_{50}}\left(\dfrac{h}{D_{50}}\right)^{1/6}\cdots 当\ D_{50}>0.000\,5\end{cases}\tag{8-45}$$

波的临界流速为

$$U_{crw}=\begin{cases}0.24\,(\Delta g)^{2/3}\,(D_{50}T_{rep})^{1/3}\cdots 当\ D_{50}\leqslant 0.000\,5\\ 0.95\,(\Delta g)^{0.57}\,(D_{50})^{0.43}\,(T_{rep})^{0.14}\cdots 当\ D_{50}>0.000\,5\end{cases}\tag{8-46}$$

应用控制方程及其各方程中边界条件即可求解。

4）地形演变方程

当沙滩坡度大于临界坡度 m_{cr} 时，沙滩将崩塌：

$$\left|\frac{\partial_{zb}}{\partial_x}\right|>m_{cr},\frac{\partial_{zb}}{\partial_x}=\frac{z_{b,i+1,j}-z_{b,i,j}}{\Delta_x}\tag{8-47}$$

依据 Vellinga 和 Zwin 的试验值，干沙的临界坡度为 1，湿沙的临界坡度为 0.3。在一个时间步内，崩塌引起的地形变化值为

$$\begin{cases}\Delta z_b=\min\left[\left(\left|\dfrac{\partial z_b}{\partial x}\right|-m_{cr}\right)\Delta x,0.05\Delta t\right],\dfrac{\partial z_b}{\partial x}>0\\ \Delta z_b=\max\left[-\left(\left|\dfrac{\partial z_b}{\partial x}\right|-m_{cr}\right)\Delta x,-0.05\Delta t\right],\dfrac{\partial z_b}{\partial x}<0\end{cases}\tag{8-48}$$

对应的地形更新为

$$\begin{cases}z_{b,i,j}^{n+1}=z_{b,i,j}^{n}+\Delta z_{b,i,j}\\ z_{b,i+1,j}^{n+1}=z_{b,i+1,j}^{n}-\Delta z_{b,i,j}\end{cases}\tag{8-49}$$

水面高程的变化

$$
\begin{cases} z_{g,\ i,\ j}^{n+1} = z_{g,\ i,\ j}^{n} + \Delta z_{b,\ i,\ j} \\ z_{g,\ i+1,\ j}^{n+1} = z_{g,\ i+1,\ j}^{n} - \Delta z_{b,\ i,\ j} \end{cases} \tag{8-50}
$$

y 方向的崩塌计算与上述过程类似。

8.3.3 Xbeach 软件应用

图 8.3 为 Xbeach 软件模拟的海岸剖面变化过程，显示平均海面以下有淤积，平均海面以上到 2m 之间有侵蚀，顶部高潮位区沙丘向岸移动。

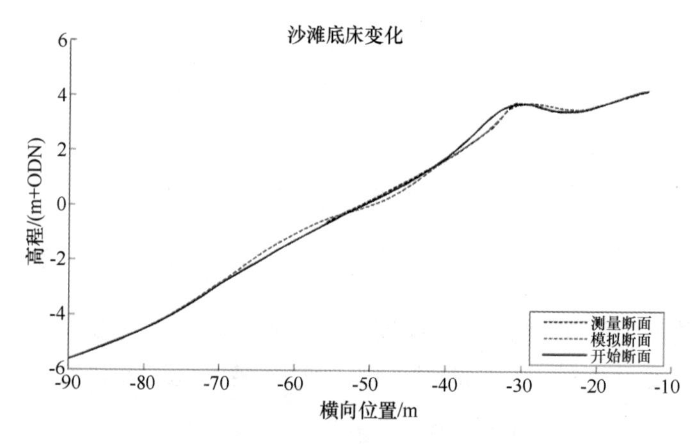

图 8.3　x-beach 软件模拟的海岸剖面变化过程

8.3.4 Xbeach-G

Xbeach-G 是在 Xbeach 基础发展的一个分支，是为了模拟风暴对砾石沙滩影响的软件，解决短波引起的实时浅水水深波流和水面变化。图 8.4 为 Xbeach-G 软件模拟区域。

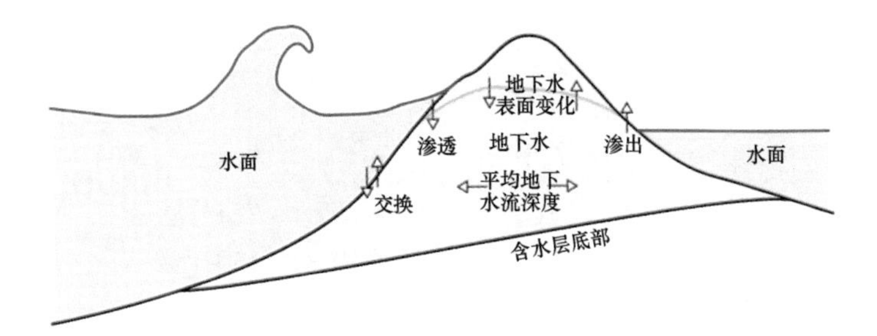

图 8.4　Xbeach-G 软件模拟区域

（1）表面水动力学

质量守恒：

$$\frac{\delta\zeta}{\delta t} + \frac{\delta hu}{\delta x} + S = 0 \tag{8-51}$$

动量守恒：

$$\frac{\delta u}{\delta t} + u\frac{\delta u}{\delta x} - \nu_h \frac{\delta^2 u}{\delta_{x^2}} = -\frac{1}{\rho}\frac{\delta(\bar{q} + \rho g\zeta)}{\delta_x} - c_f \frac{u|u|}{h} \tag{8-52}$$

（2）地下水动力学

质量守恒：

$$\frac{\delta h_{gw} u_{gw}}{\delta x} - w_{gw,s} = 0 \tag{8-53}$$

式中，$w_{gw,s}$ 为表面垂直速度，m/s。

达西定律：

$$u_{gw} = -K\frac{\delta \bar{H}}{\delta_x} \tag{8-54}$$

式中，u_{gw} 为地下水流，K 为渗透系数，m/s。

$$K = \begin{cases} K_{lam}\sqrt{\dfrac{Re_{crit}}{Re}}, & Re > Re_{crit} \\ K_{lam}, & Re \leqslant Re_{crit} \end{cases} \tag{8-55}$$

（3）泥沙输移

边界层流速：

$$u_* = \sqrt{\frac{f_s}{2}}\left[\cos(\varphi) + \sin(\varphi)\frac{\partial u}{\partial t}\right] \tag{8-56}$$

式中，相位 φ 为校正参数，沙质底床值为 35~45℃。

希尔兹值 θ 用边界层流速计算：

$$\theta = \frac{u_*^2}{\left(\frac{\rho_s - \rho}{\rho}\right) g D_{50}}\cos(\beta)\left[1 \pm \frac{\tan(\beta)}{\tan(\phi)}\right] \tag{8-57}$$

式中，角度 ϕ 也为校正参数，沙质底床值为 35~45℃，D_{50} 为泥沙中值粒径。

（4）底沙输移

$$q_s = 12(\theta - 0.05)\sqrt{\theta}\sqrt{\left(\frac{\rho_s - \rho}{\rho}\right) g D_{50}^3} \tag{8-58}$$

底床水位变化：

$$\frac{\partial z_b}{\partial t} + \frac{1}{(1-n)}\frac{\partial q_s}{\partial x} = 0 \tag{8-59}$$

海岸演变数学模型模式还在不断发展中，对于长期的海岸岸线变化，有时使用 GENESIS 等模型。这些模型都还在不断完善发展中。

8.4 物理模型技术

物理模型为研究海岸演变问题提供了一个重要的便利条件，在解决海岸泥沙波浪作用下运动问题中更是具有不可替代的作用。根据比尺效应，模型比原型更小，这就要求模型必须满足一些基本的几何比尺相似条件。波浪泥沙物理模型还必须满足两个基本准则，波浪运动相似和泥沙运动相似。波浪模型为保证动态及动力运动相似，必须按照佛罗德相似规律进行设计（Robert A. dalrymple，1985）。

波浪传播到近岸破碎后，波浪运动转化为水流运动，主要包含所有的近岸环流体系，如沿岸流、裂流等，这也是近岸海岸泥沙运动的最主要动力源。与此同时波浪挟沙转化为沿岸流、裂流水流挟沙运动。要准确模拟近岸泥沙运动，这就要求模型要满足潮流水流及泥沙运动相似要求。

8.5　物理模型比尺

8.5.1　水流运动基本比尺关系

由水流平面二维运动方程

$$\frac{\partial u}{\partial t} + u\frac{\partial u}{\partial x} + v\frac{\partial u}{\partial y} = g\frac{\partial h}{\partial x} - \frac{u^2}{C_c^2 h} \tag{8-60}$$

$$\frac{\partial u}{\partial t} + u\frac{\partial u}{\partial x} + v\frac{\partial u}{\partial y} = g\frac{\partial h}{\partial y} - \frac{v^2}{C_c^2 h} \tag{8-61}$$

可得以下比尺关系。

重力相似：

$$\lambda_u = \sqrt{\lambda_h} \tag{8-62}$$

阻力相似：

$$\lambda_{C_0} = \sqrt{\frac{\lambda_l}{\lambda_h}} \text{ 或 } \lambda_n = \lambda_h^{\frac{2}{3}}\lambda_l^{-\frac{1}{2}} \tag{8-63}$$

水流运动相似：

$$\lambda_t = \frac{\lambda_l}{\lambda_u} \tag{8-64}$$

式中，λ_h 为垂直比尺，λ_l 为水平长度比尺，λ_t 为水流时间比尺，λ_c 为谢才系数比尺。u 与 v 分别为垂线平均流速 V 在 x 和 y 方向的分量。

8.5.2 水流条件泥沙运动相似比尺关系

单位水柱体输沙连续方程：

$$\frac{\partial(hs)}{\partial t} + \frac{\partial(hus)}{\partial x} + \frac{\partial(hvs)}{\partial y} - \frac{\partial}{\partial x}\left(hE_x \frac{\partial s}{\partial x}\right) - \frac{\partial}{\partial y}\left(hE_x \frac{\partial s}{\partial y}\right) = \gamma_o \frac{\partial h}{\partial t} \tag{8-65}$$

水柱体底内部边界条件：

$$\gamma_o \frac{\partial z}{\partial t} = R_d + R_e \tag{8-66}$$

式中，R_d为床面泥沙沉降率，R_e为床面泥沙冲刷率均为经验关系由输沙连续方程和边界条件可得以下相似关系：

泥沙冲淤时间相似要求：

$$\lambda_{t_2} = \frac{\lambda\gamma_o}{\lambda_s}\lambda_t \tag{8-67}$$

泥沙沉降相似要求：

$$\lambda_\omega = \lambda_u \frac{\lambda_h}{\lambda_l} \tag{8-68}$$

8.5.3 水流泥沙其他相似要求

以上水流和泥沙相似关系均由理论公式导得，是水流运动和泥沙输移相似的基本条件。由于泥沙运动一些基本特性，如挟沙力、冲刷率、沉降率等目前还未完全掌握，还处于半经验半理论阶段，

须用一些半经验公式予以描述，如

挟沙力公式：

$$S = K\frac{\gamma\gamma_S}{\gamma_S - \gamma}\left(J\frac{V}{\omega}\right) \tag{8-69}$$

床面回淤率公式：

$$R_d = \alpha\omega(S - S_*) \tag{8-70}$$

床面冲刷率公式：

$$R_e = M(\tau_b - \tau_C) \tag{8-71}$$

据此可得以下比尺：

$$\lambda_S = \lambda_{s*} = \lambda_{\gamma_s}/\lambda_{\frac{\gamma_s-\gamma}{\gamma}} \tag{8-72}$$

$$\lambda_\tau = \lambda_{\tau_C} \text{ 或 } \lambda_{u_*} = \lambda_{u_{*C}} \tag{8-73}$$

u_{*C}为泥沙起动临界摩阻流速。

根据原水利电力部规范推荐的泥沙沉速公式（Stokes 公式），沉速可用斯托克斯公式表示为

$$\omega = \frac{gd^2}{18\nu}\left(\frac{\gamma_s - \gamma}{\gamma}\right) \tag{8-74}$$

则由泥沙沉降规律可得到另一沉速比尺：

$$\lambda_\omega = \lambda_d^2\lambda_{(\rho_s-\rho)} \tag{8-75}$$

8.5.4　波浪运动相似

波浪运动相似包括折射、破波形态、绕射、反射、水质点运动速度等相似要求：

（1）折射相似

由 Shell 定律

$$\frac{\sin\alpha}{C} = \text{const} \tag{8-76}$$

及波速方程

$$C = \frac{gT}{2\pi}\tanh\left(\frac{2\pi h}{L}\right) \tag{8-77}$$

可得

$$\lambda_L = \lambda_h \tag{8-78}$$

$$\lambda_C = \lambda_T = \lambda_h^{\frac{1}{2}} \tag{8-79}$$

式中，λ_L 为波长比尺，λ_C 为波速比尺，λ_T 为波周期比尺，λ_h 为垂直比尺。

（2）破波形态相似（Battjes，1974）

根据 Battjes 研究，破波形态与 Iribarren 数有关：

$$\gamma_b = 1.1\xi^{\frac{1}{6}} \text{ 或：} \frac{H_b}{h_b} = 1.1\ (tg\beta)^{1/6}\left(\frac{H_o}{L_o}\right)^{-1/12} \tag{8-80}$$

可得波高比尺

$$\lambda_H = \lambda_h\left(\frac{\lambda_h}{\lambda_l}\right)^{2/13} \tag{8-81}$$

或

$$\lambda_H = \lambda_h\ (D_F)^{-2/13} \tag{8-82}$$

式中，$D_F = \frac{\lambda_l}{\lambda_h}$ 为模型变率。

（3）波动水质点运动速度相似

根据 Airy 波理论

$$u_m = \frac{\pi H}{T}\frac{1}{\sinh(kh)} \tag{8-83}$$

可得床面水质点最大轨迹速度比尺

$$\lambda_{U_m} = \frac{\lambda_H}{\lambda_h^{1/2}} \tag{8-84}$$

（4）绕射相似

一般要求 $\lambda_L=\lambda_l$，在变态模型中，若满足折射运动相似（即 $\lambda_L=\lambda_h$），则不能满足绕射相似。模型波长相对原型变长，模型绕射系数偏大。

（5）反射相似

一般在正态模型才能获得反射相似，为满足反射相似，模型中建筑物迎浪面结构按正态设计。

要满足以上相似要求模型必须做成正态。

8.5.5　波浪条件下泥沙运动相似

（1）泥沙冲淤部位相似

根据服部昌太郎公式

$$\frac{H_b}{L_o}\tan\beta/\frac{\omega}{gT}=const \tag{8-86}$$

可导得泥沙沉降速度比尺

$$\lambda_\omega=\lambda_u\frac{\lambda_H}{\lambda_l} \tag{8-87}$$

当波高比尺 λ_H = 水深比尺 λ_h，可得

$$\lambda_\omega=\lambda_u\frac{\lambda_h}{\lambda_l} \tag{8-88}$$

即与水流条件下悬沙沉降相似比尺要求相同。

（2）破波掀沙相似

在碎波区内，由破碎波引起的平均水体含沙量为

$$S=K\frac{\rho_s\rho}{\rho_s-\rho}g\frac{H_b^2}{8A}\cdot\frac{C_{gb}}{\omega}\cos a_b \tag{8-89}$$

式中，A 为碎波区内过水断面积，由上式可导得

$$\lambda_s = \frac{\lambda_{\rho_s}}{\lambda_{\frac{\rho_S-\rho}{\rho}}} \cdot \frac{\lambda_H{}^2}{\lambda_h{}^{1/2}\lambda_l\lambda_\omega} \quad (8-90)$$

考虑到 $\lambda_\omega = \lambda_u \frac{\lambda_H}{\lambda_l}$，可得

$$\lambda_s = \frac{\lambda_{\rho_s}}{\lambda_{\frac{\rho_S-\rho}{\rho}}} \cdot \frac{\lambda_H}{\lambda_h} \quad (8-91)$$

当 $\lambda_H = \lambda_h$，即与水流条件相同。

（3）波浪条件下泥沙起动相似

波浪条件下泥沙起动现象要比水流条件下更为复杂，可应用一些半理论半经验关系式来初步确定。

如选用刘家驹公式，则起动波高为

$$H_* = M\left\{\frac{L.\sinh(2kh)}{\pi g}\left(\frac{\rho_s-\rho}{\rho}gd+\frac{0.486}{d}\right)\right\}^{1/2} \quad (8-92)$$

式中，$0.486/d$ 表示泥沙间黏着力作用，在沙质海岸条件下可以忽略不计，M 为

$$M = 0.1\left(\frac{L}{d}\right)^{1/3} \quad (8-93)$$

据此可得

$$\lambda_{\frac{\rho_S-\rho}{\rho}}\lambda_d{}^{\frac{1}{3}} = \lambda_H^2\lambda_h^{-\frac{5}{3}} \quad (8-94)$$

则得泥沙粒径比尺为

$$\lambda_d = \lambda_H^6\lambda_h^{-5}\lambda^{-3}{}_{\frac{\rho_S-\rho}{\rho}} \quad (8-95)$$

潮流运动、波浪运动及泥沙运动诸多相似准则，要完全相似似乎并无必要，这主要取决于需要模型解决的问题。就海岸演变模型来讲，主要涉及近岸浅水区波浪及泥沙运动，特别是碎波区泥沙运动模拟相似；另外，波浪破碎后沿岸环流体系水流运动及泥沙沉降运动也必须相似。这些要求模型是正态，以现在的实验室条件是完

全可以做到的。

8.6　模型沙选择

海岸变化模型成功的关键是选择合适的模型沙，这是一个难点。美国学者在 20 世纪 40—50 年代选用天然沙作为模型沙来进行海岸沿岸输沙研究。南京水利科学研究院在 1994 年进行毛里塔尼亚海岸波浪动床模型试验中选用轻质沙煤粉作为模型沙，并取得了较好的模拟效果（夏益民，1994）。这就一直存在天然沙与轻质沙的争论，加拿大海岸动力学家特别强调颗粒加速度相似条件的要求，指出波浪动床模型试验应采用天然沙，不能用轻质沙。

不管是天然沙还是轻质沙都不能完全满足波浪动床模型相似要求，不能做到波浪动力过程及泥沙演变的严格相似。这就需要对研究问题的精准把握，不寻求复演所有物理过程，而应该抓住主要矛盾，满足关键的相似要求。

海岸演变模型沙必须满足如下要求：①密度要大于水，且与水密度有明显的区别；②颗粒性强，颗粒之间不会产生黏结；③模型沙不产生弱化波浪运动的特征。

目前，海岸模型沙可供选择的余地不大，使用较多的只有煤粉和木屑，木屑容重在 1.10 kg/m^3左右，与水非常接近，波浪作用下对波能有吸收作用，使用受到限制；煤粉容重一般为 1.35 ~ 1.40 kg/m^3，颗粒性比木屑强很多，是一个为数不多可供选择的轻质模型沙之一。剩下的模型沙选择似乎只有天然沙了，不得不说天然沙作为模型沙具有天生的优势，自然满足海岸演变模型沙必须满足的要求，这也是天然沙获得垂青的原因。

8.7 波浪泥沙模型试验实例

努瓦克肖特位于毛里塔尼亚西部，濒临大西洋。友谊港是其最大的深水港，于1984年开始建设，1986年港口防波堤建成。随后友谊港上、下游两侧岸线不断发生变化。图8.5为友谊港从1984—2016年间岸线变化，32年间，下游6 km岸线均出现侵蚀，主要侵蚀区岸线后退560 m，年平均后退17.5 m；上游岸线4 km范围均出现淤积，最大年淤积28 m。防波堤工程伸出岸线约1.5 km，堤头水深在-10 m左右，地形测量显示海域-9 m以外坡度平缓（郭旬，高鸿富，顾民权，等，2013）。

根据上节分析，岸线变化主要是防波堤建设阻断了正常的沿岸输沙运动，影响了该岸段上、下游输沙平衡，沿岸输沙主要是近岸环流体系造成，因此模型主要模拟近岸波浪环流体系运动及泥沙运动。近岸环流体系主要是波浪向近岸传播运动、破碎、破碎后沿岸流等，泥沙运动主要是碎波区泥沙运动及沿岸流输沙运动。

为了对友谊港岸线建港前后的变化趋势进行预测，南京水利科学研究院建成了波浪泥沙模型试验。受当时的实验条件限制，波浪泥沙物理模型设计为变态，水平比尺为$\lambda_l = 150$，垂直比尺$\lambda_h = 81$，波长和波高比尺均为81，$\lambda_H = \lambda_L = 81$，波速比尺为$\lambda_c = 9$。模型沙为轻质沙煤粉，$\rho_s = 1.35 \sim 1.40$ g/cm^3，粒径$d_{50} = 0.48$ mm。

如果以上模型设计为正态，则制约模型设计的主要是能否找到合适的模型沙粒径与实验室条件。现场中值粒径0.25 mm的沙沉降速度为24.4 mm/s（$T = 20℃$，$\nu = 0.010\ 3$），岸线淤积与侵蚀的总长度约10 km，完全模拟这么长的岸段实验室条件不允许，因此淤积段与侵蚀段可以分开进行试验，所需模拟淤积岸段长度最短按

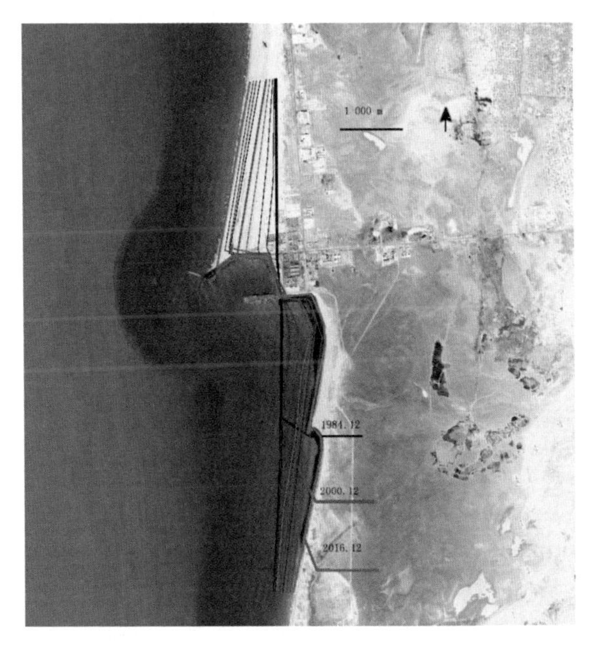

图 8.5　友谊港从 1984—2016 年间岸线变化

4 km设计，向海模拟长度涵盖防波堤范围，水深需要达到波浪作用不引起底部泥沙运动为准，故按照最小离岸距离 2 km，水深−10 m 考虑。

表 8.1 为不同比尺模型沙需要的粒径和实验室面积条件。根据上述计算，采用正态模型来研究友谊港波浪泥沙运动，如果采用模型沙是天然沙，则比尺不能太小，模型比尺最好要大于 1/30 才能选到合适的天然沙做模型沙，但是模型比尺大于 1/10 时所需试验室范围太大；如采用煤粉，则可供选择的模型沙粒径范围很大，实验室条件也能满足。

综合实验室条件及模型沙选择，可以选取正态模型比尺 1/15，模型沙为天然沙，粒径为 0.1 mm。

表 8.1　不同比尺模型沙需要的粒径和实验室面积条件

名称		不同比尺							
几何比尺		100	80	60	40	30	20	15	10
沉降比尺 λ_w		10.0	8.94	7.75	6.32	5.48	4.47	3.87	3.16
模型沙 /mm	沙	0.06	0.064	0.066	0.072	0.081	0.089	0.10	0.11
	煤粉	0.11	0.12	0.12	0.14	0.15	0.16	0.17	0.19
模型波高 /cm	现场 0.8 m	0.8	1.0	1.33	2.0	2.67	4.0	5.3	8.0
	现场 2.4 m	2.4	3.0	4.0	6.0	8.0	12.0	16.0	24.0
模型范围 /m	长	40	50	67	100	133	200	267	400
	宽	20	25	33	50	67	100	133	200
模型水深/m		0.10	0.125	0.167	0.25	0.33	0.50	0.67	1

参考文献

陈吉余. 2010. 中国海岸侵蚀概要，北京：海洋出版社.

窦国仁，董凤舞. 1995. 潮流和波浪的挟沙能力. 科学通报，40（5）.

窦国仁论文集. 2003. 北京：中国水利水电出版社.

郭旬，高鸿富，顾民权，等. 2013. 毛里塔尼亚友谊港（努瓦克肖特自治港）自建设以来的泥沙淤积与海岸演变（一），港工技术杂，50（1）：1-5.

郗殿纲. 1994. 海岸波浪动床模型试验技术及其相似率问题. 港口工程，4：9-18.

海港水文规范. 2013. 北京：人民交通出版社.

黄世成，周嘉陵，陈兵，等. 2007. 风速资料在大型工程中的应用和订正方法[J]. 防灾减灾工程学报，27（3）：351-356.

贺大良，申健友，刘大有. 1990. 风沙运动的三种形式及其测量. 中国沙漠，10（4）：9-13.

罗肇森. 2009. 河口治理与大风骤淤. 北京：海洋出版社.

刘家驹. 2009. 海岸泥沙运动研究及应用. 北京：海洋出版社.

乐培九. 1998. 波浪和潮流共同作用下的输沙问题. 水道港口，3：1-6.

邱大洪. 2004. 工程水文学. 北京：人民交通出版社.

钱宁，万兆惠. 2003. 泥沙运动力学. 北京：科学出版社.

谭欣. 2016. 海滩养护剖面设计方法研究. 大连理工大学.

徐啸，佘小建，毛宁，等. 2012. 人工沙滩研究. 北京：海洋出版社.

夏益民. 1994. 沙质海岸波浪动床模型设计-毛里塔尼亚友谊港下游冲刷试验模型. 海洋工程，12（3）：42-52.

邹志利. 2011. 12 海岸动力学. 北京：人民交通出版社.

邹维. 2012. 风沙运动规律的分析和研究. 中国水土保持，5：44-47.

Airy. 1845. Tides and Waves. Encyc Metrop Article 192：241-396.

Atilla Bayram. 2007. A New Formula for Total Longshore Transport Rate. Coastal Engineering. 30th International Conference.

Balson P S，Collins M B. 2007. Coastal and Shelf Sediment Transport. The Geological Society London.

Benassai G. 2006. Introducation to Coastal Dynamics and Shoreline Protection. Wit Press Southampton，Boston.

Bian Changwei. 2013. Jiang Wensheng Richard Greatbath Ding hui，The Suspende Sediment Concentration Distribution in the Bohai Sea，Yellow Sea and East China Sea. J. Ocean University. China（Oceanic and Coastal Sea Research），12：345-354.

Bijker E W. 1971. Longshore Transport Computation. J Waterw Harb Coast Eng Div，ASCE 97（4）：687-701.

Bodge K R. 1992. Representing Equilibrium Beach Profiles with An Exponential Expression，J Coastal Res.，8（1）：47-55.

Bruun P. 1954. Coast Erosion and the Development of Beach Profiles. Technical Memorandum，44，Beach Erosion Board，U. S. Army Corps of Engineers.

Chadwick A J. 1989. Field Measurements and Numerical Model Verification of Coastal Shingle Transport. Advances in Water Modelling and Measurement，Palmer，M H（ed），BHRA，Cranfield，Bedford.

Chadwick，A J. 1991. An Unsteady Flow Bore Model for Sediment Transport in Broken Waves. 4：739-753.

Dean R G，Dalrymple R A. 2002. Coastal Processes. Cambridge University Press.

Dean R G. 1977. Equilibrium Beach Profiles：US Atlantic and Gulf Coasts，Ocean Engineering Report 12，University of Delaware，Newark，DE.

Dominic Reeve，Andrew Chadwick，Christopher Fleming. 2004. Coastal Engineering Processes，Theory and Design Practice. Spon Press.

Edward J, Anthony. 2008. Shore Processes and Their Palaeoenvironmental Applications. Series Editor: H. cHAMLEY

Folk R L, Ward W C. 1957. Brazos River Bar, A Study of the Significance of Grain Size Parameters, J, sed, Petrology, 27: 3-27.

Hallermeier R J. 1983. Sand Transport Limits in Coastal Structure Design, Proceedings, Coastal Structures' 83, American Society of Civil Engineers, pp. 703-716.

Hans Hanson. 2015. Modeling Beach Profile Response to Varying Waves and Water Levels with Special focus on the Subaerial Region. Coastal Sediments.

Hardisty J. 1990. Beaches form and Process, Numerical Experiments with Monochromatic Waves on the Orthogal Profile [M]. The Academic Division of Unwin Hyman Ltd.

Heitor Reisa A, Cristina Gama. 2010. Sand Size Versus Beachface Slope-An Explanation Based on the Constructal Law. Geomo rphology 114: 276-283.

Inman D L, elwany M H S, Jenkins S A. 1993. Shoresise and Bar-berm Profiles on Ocean Beaches [J]. Journal of Geophysical Research 98 (c10): 18, 181-199.

Inman D L. 1952. Measures for Describing the Size Distribution of Sediments, J, sed, petrology, 22, (3): 125-145.

James A. Bailard. 1981. An Energetics Total Load Sediment Transport Model for A Plane Sloping Beach. Journal of Geophysical Research. 86: 10938-10954.

Jean-Michel Tanguy. 2010. Physical Processes and Measurement Devices. Environmental Hydraulics Series 1. ISTE Ltd and John Wiley.

Jesper S Damgaard, Richard L Soulsby. 1996. Longshore Bed-load Transport. 25th International Conference on Coastal Engineering.

Jonsson I-G. 1966. Wave Boundary Layer and Friction Factors. in: Proc 10th int Conf Coastal Engineering, ASCE, Tokyo, Vol1: 128-148.

Jorgen Fredsoe, Rolf Deigaard. 1992. Mechanics of Coastal Sediment Transport. Worid Scientific.

Kamphuis J W, Oavies M H, Nairn R B et al. 1986. Calculation of Littoral Sand Transport Rate. Coastal Engineering, Vol 10: 1-21.

Kamphuis, J W. 1991. Alongshore Sediment Transport Rate. Waterways J, Port, Coastal and Ocean Eng., ASCE, Vol. 117 (6): 624-340.

Komar P D, Mcdougal, W. G. 1994. The analysis of exponential beach profiles [J]. Journal of coastal research 10 (1): 59-69.

Komar P D. 1976. Beach Processes and Sedimentation, Prentice-Hall, Englewood Cliffs, NJ.

Komar P D. 1988. Environmental controls on littoral sand transport. 21st Intern. Conf. on Coastal Eng., ASCE, Malaga. Vol 2: 1238-1252.

Krumbein W C. 1936. Applications of logarithmic moments to size frequency distribution of sediments, J, sed, petrology, 6: 35-47.

Larson M, Kraus N C, Wise, R. A., 1999. Equilibrium beach profiles under breaking and non-breaking waves, Coast. Eng., 36 (1): 59-85.

Lee G, Dade W B, Friedrichs C T, et al. 2004. Examination of Reference Concentration Under Waves and Currents on the Inner Shelf. Journal of Geophysical Research 109.

Leo C, van Rijn. 1990. Handbook Sediment Transport by Currents and Waves.

Lin C, Hwung H H. 2002. Observation and Measurement of the Bottom Boundary Layer Flow in the Pre-breaking Zone of Shoaling Waves, Ocean Engineering 29 (12): 1479-1502.

Longuet-Higgins M S. 1970. Longshore Currents Generated by Obliquely Incident Sea Waves. J Geophys. Res., 75, 6778-6789.

McLean R F, Kirk R M. 1969. Relationships between Grain Size, Size-Sorting, and Foreshore Slope on Mixed Sand-Shingle Beaches. New Zealand Journal of Geology and Geophysics. 12: 1, 138-155.

Meyer R E. 1972. Wave on Beaches and Resulting Sediment Transport. Academic press.

Nicholas C Kraus, Julie Dean Rosati. 2007. Coastal Sediment, American Society of Civil Engineers.

Nielsen P. 1986. Suspended Sediment Concentrations under Waves, Coastal Engineering, (10): 23-31.

Nielsen P. 1992. Coastal Bottom Boundary Layers and Sediment Transport. Advanced Series on Ocean Engineering, Vol. 4. World Scientific, Singapore, 324pp.

Olson R. 1961. Essentials of Engineering Fluid Mechanics, Scranton, PA: International Textbooks, 404

Otto G H. 1939. A Modified Logarithmic Probability Graph for the Interpretation of the Mechanical Analysis of Sediments, J. sed, petrology, 9: 62-76.

Paul D Komar, Douglas L Inman. 1970. Longshore Sand Transport on Beaches. Oceans and Atmospheres. 75: 5914-5927.

Robert A Dalrymple. 1985. Physical Modelling in Coastal Engineering [M]. University of Delaware, Newark. A. A. Balkema/Rotterdam/Boston.

Schoonees J S, Theron A K. 1994. Accuracy and Applicability of the SPM Longshore Transport Formula. 24 Intern. Conf. on Coastal Eng. ASCE, Kobe, Japan. Vol 3: 2595-2609.

Scott L Douglass. 2002. Saving Americas Beaches the Causes of and Solutions to Beach Erosion.. World Scientific.

Skafel M G, Krishnappan B G. 1984. Suspended Sediment Distribution in Wave Field, J Waterway, Plot, Coastal Ocean ENG. ASCE, 110 (2): 215-230.

Sleath J F A. 1990. Velocities and Bed Friction in Combined Flow. in: Proc. 22nd int. Conf on Coastal Engineering, Delft, Vol 1, 450-463, ASCE.

Soulsby R L, Whitehouse R J S. 1997. Threshold of Sediment Motion in Coastal Environments. in: Proc Pacific Coasts and Ports 1997. 13th Australasian Coastal and Engineering Conf and 6th Australian Port and Harbor Conf, 149-154.

Soulsby R L. 1997. Dynamics of Marine Sands. London, England: Thomas Telford Publications.

Stokes G G. 1851. On the Effect of the Internal Friction of Fluids on the Motion of Pendulums, Trans. Cambridge Phil. Soc., 9, 8.

Swart D H, Fleming C A. 1980. Long Shore Water and Sediment Movement. in:

Proc 17th int Conf Coastal Engineering, ASCE, Sydney, Vol 2: 1275-1294.

Tkaakiuda. 2010. Japans Beach Erosion: Reality and Future Measures. World Scientific Publishing Co. Pte. Ltd.

Walton T L, Bruno R O. 1989. Longshore Transport at A Detached Breakwater, Phase II. Journal of Coastal Research 65 (9): 667-668.

Wang P, Davis J R, R. A. 1998. A Beach Profile Model for A Barred Coast: Case Study from Sand Key, West-central Florida [J]. Journal of Coastal Research 981-991.

Wang Y-H. 2007. Formula for Predicting Bedload Transport Rate in Oscillatory Sheet Flows. Coastal Engineering 54: 594-601.

Weggel J R. 1972. Maximum Breaker Height. J. Waterw., Harbours and Coastal eng. Div. 98, 529-548.

Willem T Bakker. 2013. Coastal Dynamics. World Scientific Publishing Co. Pte. Ltd.